火星任务

卢倩　刘佳◎编著

北京理工大学出版社
BEIJING INSTITUTE OF TECHNOLOGY PRESS

图书在版编目（CIP）数据

火星任务 / 卢倩，刘佳编著. —北京：北京理工大学出版社，2019.4
ISBN 978-7-5682-6931-5

Ⅰ. ①火… Ⅱ. ①卢… ②刘… Ⅲ. ①火星探测－青少年读物 Ⅳ. ①P185.3-49

中国版本图书馆CIP数据核字（2019）第069379号

出版发行 / 北京理工大学出版社有限责任公司
社　　址 / 北京市海淀区中关村南大街 5 号
邮　　编 / 100081
电　　话 / （010）68914775（总编室）
　　　　　　（010）82562903（教材售后服务热线）
　　　　　　（010）68948351（其他图书服务热线）
网　　址 / http://www.bitpress.com.cn
经　　销 / 全国各地新华书店
印　　刷 / 保定市中画美凯印刷有限公司
开　　本 / 889 毫米 ×1194 毫米　1/16
印　　张 / 8　　　　　　　　　　　　　　　责任编辑 / 潘　昊
字　　数 / 123 千字　　　　　　　　　　　　文案编辑 / 潘　昊
版　　次 / 2019 年 4 月第 1 版　2019 年 4 月第 1 次印刷　责任校对 / 周瑞红
定　　价 / 38.00 元　　　　　　　　　　　　责任印制 / 李志强

序

习近平总书记指出，探索浩瀚宇宙，发展航天事业，建设航天强国，是我们不懈追求的航天梦。经过几代航天人的接续奋斗，我国航天事业创造了以"两弹一星"、载人航天、月球探测为代表的辉煌成就，走出了一条自力更生、自主创新的发展道路，积淀了深厚博大的航天精神。

一个民族素质的提高与科普有很大关系。所以，尽管工作很忙，但我还是尽可能地在全国范围内，针对不同受众，其中也包括大量中、小学生，努力地开展航天科普活动。近几年来，围绕人类为什么要开展航天活动、中国空间技术的发展、中国的探月工程、小行星探测意义等主题，我每年平均要做20多场科普报告，深受听众欢迎。但只靠讲和听，受众还是十分有限，有的内容对小读者们来说也不太易懂、并不十分适合。为此，北京理工大学出版社策划出版了《小小太空探索图书馆》丛书，就是要把有关航天科普的内容和精彩生动的故事以更加有趣易懂的形式展现给更多的小读者。本丛书出版的初衷就是希望能够更大地激发青少年对太空探索的兴趣，对未知领域探索的兴趣，并向几代航天人的航天精神、科研精神致敬。

丛书第一辑共5册，邀请了来自中国空间技术研究院、中国科学院国家空间科学中心、中国科学院国家天文台、北京大学等单位的一线工作者、科普积极分子和优秀科普作家精心编写，力图语言简洁明快，图文并茂，并融入让静态图文"活"起来的增强现实（AR）技术，可以通过扫描二维码随手进入"视听"情境。丛书通过讲述嫦娥探月、火星及深空探测器、国际空间站和太空望远镜等国内外太空探索历程中耳熟能详且备受关注的话题，带领小读者们一同畅游广袤无垠的神奇太空：从月球传说到探月工程，人类由远望遐想变为实地探测；从第一个火星探测器的诞生到计划载人登陆火星，这期间有许多已经发生和可能还会发生的失败历程；从先锋号探测器到旅行者号，人类探索太空的脚步愈来愈远；从国际空间站计划到实际建成，中国宇航员在我国自己的空间实验室及未来的中国空间站中吃、住、工作与休闲的情景都将一一展现在小读者面前；从哈勃望远镜到韦伯太空望远镜，太空观测技术的进步让人类与浩瀚星海的距离不断拉近，终可更清楚地一睹它们的魅影……太空探索的道路是曲折的，也是神奇有趣的，更是有巨大意义的！当一个个未知的星体被发现，当一个个已知的难题被攻破，当一个个新的问题呈现眼前，那份自豪与兴奋是难以言表的。

星空浩瀚无比，探索永无止境。相信在不久的将来，天空中会有更多的中国星，照亮中国，也照耀世界。航天梦作为中国梦的一个重要组成部分，它的实现必然极大地鼓舞全国人民，激发民族自豪感，凝聚世界华人力量。希望本丛书既能满足小读者们了解航天新知识及其发展前景的渴求，也能激发小读者们对航天事业的兴趣，培养小读者们的科学探索精神。相信小读者们在阅读丛书的过程中一定会有所收获，并能产生对科学、对航天的热爱，这就是本丛书的价值所在。

愿《小小太空探索图书馆》丛书能成为广大小读者的"解渴书""案头书"和"枕边书"。祝愿小读者们能够在阅读中感受到更多的乐趣，同时得到更多的知识！

中国科学院院士

前　言

　　人类自从在地球上起源以来，已经有上万年的历史了。经过工业革命的洗礼，我们的科技水平不断提高，现在拥有了探索太空的能力。半个多世纪以来，人类通过一次又一次探测活动，不断加深对宇宙的了解。然而，宇宙如此浩瀚，有很多未解之谜。火星就是其中之一。

　　火星被认为是太阳系中除地球外唯一可能有生物存在的行星。本书包含了有关火星地形、地貌、地质、大气、环境、气候等多方面知识，并从中分析出人类移居火星的可能性和美好展望。如今，随着航空航天科技的不断发展，世界各国对火星的探测开发越来越重视，人类正通过各种航天器对火星进行无人探测。人类移居火星的目标也在逐渐推进。尽管这段艰难的历程还很漫长，但毫无疑问，将来，宇航员肯定能登上火星。

作　者

2019 年 4 月

目录
CONTENTS

火星任务

《火星任务》AR互动使用说明

❶ 扫描二维码，下载安装"4D书城"App；

❷ 打开"4D书城"App，点击菜单栏中间扫码按钮，再次扫描二维码下载本书；

❸ 在"书架"上找到本书并打开，对准本书带有页面画面扫一扫，就可以看到神秘的火星了！

CHAPTER 1

第一章

危险重重的火星

火星的环境适合人类居住吗

近些年来，我们常常听到"火星探索""火星开发"这样的话题。一时之间，"地球人准备移居火星"也成了大家感兴趣的谈论焦点。那么，在遥远的未来，我们地球人去火星居住的心愿究竟能不能实现呢？又有多大概率能实现呢？

众所周知，火星与地球一样，是太阳系八大行星之一。按照距离太阳由近到远的顺序排序，火星排在第四位。正因为如此，火星与地球存在着很多相似的地方，譬如离太阳比较近，体积和质量比较小，表面温度比较高，由岩石构成……因此，火星属于类地行星。

太阳系内各行星（图片来源：NASA）

那么，火星适不适合人类居住呢？

对于这个问题，我们就要先从火星的环境说起了。

火星的表面积比地球的小，直径大约是地球的一半，因表面覆盖着赤铁矿（化学成分为氧化铁）而呈现出橘红色，被称为"红色星球"。火星干燥的地表遍布着大大小小红色的沙丘和砾石。所以，火星算是一个"沙漠行星"，远远看起来就像燃烧的火球，呈现出一片耀眼的赤红色，却又充满荒凉落寞的沧桑感。

火星和地球一样，拥有各种各样的地形：高山、平原、峡谷，还有陨石坑。不过，火星南北半球的地形有着强烈而鲜明的对比：北方是被熔岩填平的低矮平原，南方则是由陨石坑组成的古老高地。其中，还包括太阳系最高的奥林匹斯山和太阳系最大的水手号峡谷。

红色星球

　　在地球上，我们在夜里能看见月球，因为月球是地球唯一的天然卫星。火星的天然卫星并不唯一。火星有两颗天然卫星：火卫一和火卫二。火星的这两颗天然卫星具有不规则的形状，运行轨道也有些与众不同，火卫一不断接近火星，火卫二则不断远离火星。这种独特且有趣的现象是火卫一、火卫二在运行过程中别具一格的特色，是我们最熟悉的地球卫星月球无法做到的。

　　由于火星的"类地"特性，它一直被认为是太阳系中除地球之外，最有可能存在生命的行星。基于此，人类对火星的探索也一直在持续不断地推进。如果火星具备生命存在的条件，人类移居火星的梦想就不再是一句空话，且有很大机会在未来变成现实。

Image NASA
Image © 2007 TerraMetrics

火星和它的两颗卫星火卫一和火卫二（图片来源：NASA）

我们都知道，阳光、空气、液态水是生命存在的三个必要条件。那么，火星是否具有这样的条件呢？

我们先来谈一谈火星的大气环境。

火星的大气层非常稀薄，表面气压很低。大气的密度只有地球的百分之一，与地球上万米高空的大气密度差不多。而且，火星大气层的主要成分是二氧化碳，约占总比例的95%，氧气的含量极少，完全可以忽略不计。

另外，火星的大气层非常干燥。很多沙尘悬浮在大气层中，常常会导致猛烈的飓风和沙尘暴。火星表面的沙尘暴是火星大气中独有的现象，几乎每年都有区域性或全球性的沙尘暴出现。由于火星土壤中含铁量极高，令火星的沙尘暴染上了橘红的色彩，大气中充斥着红色尘埃，从地球上看去，犹如一片橘红色的云。

由此可见，火星的大气环境与地球相去甚远。

火星上有没有阳光呢？

火星大气的"极光"现象（图片来源：NASA）

这个答案是肯定的。

阳光能够提升行星的气温。那么，火星上有没有适宜人类生存的温度呢？

这个答案现在来说有些复杂。

火星是太阳系的八大行星之一，它时时刻刻都在围绕太阳进行有规律的公转。火星的公转轨道是椭圆形的，但轨道的跨度极大，这就出现了一个很奇特、很有趣的现象：火星表面接受太阳照射的所有地方，表面的温差非常大。赤道地区的平均温度为 27 摄氏度，两极地区的平均温度却低至 –133 摄氏度。也就是说，火星上的地域温差大得超乎想象，每一天的气候相当于从地球的炎炎夏季直接跨到凛凛寒冬，且有过之而无不及。

当然，除了绕着太阳公转，火星也进行着自转。

火星的自转周期与地球的自转周期十分接近，两者仅相差短短的 37 分钟，火星自转轴的倾斜角度也几乎与地球自转轴的倾斜角度相同。因此，火星也像地球一样四季分明，寒来暑往。但火星比地球距离太阳远，导致火星上每个季节都比地球上相同的季节要寒冷，季节差异也就更加明显了。

不仅如此，光照强度也会极大地影响火星的温度变化。

在火星上，不但有类似地球的季节之分，而且能很清晰地分出气候"五带"：热带、南温带、北温带、南寒带、北寒带。可是，地域性巨大温差的存在，令人类向往火星的愿望变得更加渺茫了。

最后，是生命存在的一个重要条件：液态水。

美国国家航空和宇航局探索发现，几十亿年前的火星与地球十分相似，表面覆盖着液态水，曾是一个温暖而湿润的地方。后来，火星失去大气层，地表水也消失了。时至今日，火星上可能仍有丰富的水被冻在厚厚的地下冰层里，只有火山活动时才会释放出来。不过，世界各地的科学家们经过反复探索、研究、求证，还是没能揭开"火星水源"这个奥秘。

现在，许多科学家推测，火星历史上曾经有一段时间是温暖潮湿的气候，液态水也非常丰富，且很可能存在巨大的液体海洋。美国国家航空和宇航局经过一系列的探测研究，仍然没有在火星上发现液态水，但有证据表明，如今的火星应该在地下深处遍布着冰冻水。

当然，火星并非一直像今天这样是一片冰冻废墟。科学家们推测，在很早以前，部分液态水可能蒸发到了火星的大气层，很多年以后，通过火星磁场的复杂作用，被喷射到了太空。而剩余的那部分液态水，才是美国国家航空和宇航局探测到的深层冰冻水。

不管怎样，至少到现在为止，火星上并没有人类生存必需的液态水。或许，在几千、几万年之后，火星上的冰冻水会有所改变，那时人类移居火星的计划才有可能付诸实践。

美国国家航空和宇航局好奇号火星探测器拍摄的火星表面河道沟壑的照片
（图片来源：NASA）

　　总之，火星环境与地球环境相比，可以说是天壤之别，彼此相差太远了。

　　在将来的日子里，如果我们人类真想移民到火星，就必须做好接受火星环境考验的准备。至少现在来看，火星自身的环境条件显然是不合适人类居住的。但毫无疑问，这是实现移居火星的第一步。只要迈出了第一步，人类移居火星的梦想就有可能实现。然而，火星上存在的危机不仅仅是环境带给我们的巨大障碍，还有其他更多、更危险的考验在移居火星的漫长旅途中等待着我们。

好奇号火星探测器在火星拍摄的河床照片（图片来源：NASA）

人类要不要去火星

移居火星计划从被提出来那一刻开始，就像天方夜谭一样，受到了世界多方的质疑。当然，这也是提出该计划的科学家们预料之中的事。

火星自身的恶劣环境对人类来说，其实是相当严酷的考验。尽管如此，火星仍然是整个太阳系中与地球各方面条件最接近、最相似的行星，因而人类才会对火星充满探究的兴趣和移居的憧憬，将火星当成人类的新大陆、第二个地球。

总之，火星就在那里，我们到底要不要去呢？

这个话题，还需要从多个方面综合考虑。

更准确地说，对我们地球人而言，移居火星是未来的必然趋势，但并非现在最紧迫、最重要的任务。

那么，人类为什么要移居火星呢？

毫无疑问，地球是人类最适合居住的地方，也是太阳系迄今为止唯一能够让人类生存的地方。不过，环境的污染、温室效应的蔓延以及其他人为的破坏，令地球资源处于巨大的压力之下，情况变得越来越严峻。而且，宇宙中的小行星们对地球存在种种威胁，地球面临着无数难以预测的灾难。也许在未来的某一天，那些曾在科幻电影中出现的巨大灾难，最终会变成可怕的现实。

正因为人类感觉到越来越多的危机迫近，才开始在宇宙中寻找并创造新的家园。而随着地球科技的不断发展，人类对科学和宇宙的探索也在日益进步，这更激发了人类的好奇心和冒险精神，也令人们对"火星探测""火星移民"充满了浓厚的兴趣。

因此，去火星是人们的愿望和憧憬，也是科技探索的发展趋势，更是人类寻找第二家园的动力。

很早之前，我们人类就已经成功登陆月球，但探测后发现，月球表面没有任何大气，处于超真空状态，根本不能让人类居住。随后，科学家们又将眼光放得更远一些，投向了地球的两个近邻行星：金星和火星。非常遗憾的是，金星的环境条件太过严酷，表面温度高达450摄氏度，浓密的大气中还充满硫酸液滴，人类根本无法靠近。相比之下，火星的环境虽然恶劣，却比金星要"友好"得多。

随着对火星的了解与日俱增，人们越来越觉得火星仿佛就是一个小型地球。从许多方面来看，再也没有别的行星像火星那样酷似地球了。而火星和地球越相像，社会公众对它的兴趣就越大。于是，科学家们将火星锁定为人类的第二家园，展开一系列更深入、更艰巨的探索。

确实，火星的自然环境与地球的自然环境最相似，也是太阳系中唯一在改造后可能适合人类长期居住的天体。而且，我们人类若能去火星，就可以充分利用火星的资源，从多个方面减轻地球自身的压力。但说起来容易，想要真正实现移居火星，绝非一朝一夕能够办到的。这是一个相当漫长而艰巨的过程。

现在，世界各国都在有条不紊地展开火星探测。在这方面，美国和俄罗斯处于比较领先的位置，尤其是美国国家航空和宇航局，已经将火星探测车送上火星，顺利完成了

"火星漫游"，带回很多有关火星的重要信息，把人类移居火星这一长远目标推进了一大步。

如今，科学家们对火星探索的成果显而易见，且随着现代科技的快速发展，去火星的可能性也变得越来越大。

那么，人类从地球去火星，到底需要多少时间呢？科学家们分析，从地球乘坐宇宙飞船登陆火星，单程需要 6 ～ 10 个月，往返则长达 500 天左右。此外，要想进行大规模的火星移民，还要考虑到交通运输的问题。当然，宇宙飞船是首选的交通工具，但它能够承载的人数有限，通常也就三四个人，无法像当今我们使用的大型轿车、高速铁路列车、大型客机那样，进行大规模的运载和输送。

其实，就算抛开火星自身的恶劣环境不谈，人类要想从地球去火星，也会经历一段相当耗时耗力的艰难旅程。

反之，若人类放弃移居火星的目标，那么未来会面临怎样的状况呢？

放眼望去，整个地球的资源和环境正在遭受严重的破坏：植被减少，沙尘暴肆虐，水源污染，病菌横行。资源过度开采，枯竭威胁蔓延；废气排放超标，令地球气温日益升高，造成可怕的温室效应，南北极冰层逐渐融化，导致地球海平面每年都在上升。这样的状况持续下去，终有一天陆地会被海洋淹没，人类也将失去最后的容身之所。

更准确地说，无论能否去火星，我们都应该好好保护地球。即使人类将来实现移居火星，地球也始终是我们的第一家园。而去火星只是无奈之下开辟出的新途径，因为人类要想在火星生存下去，必须尽力将火星改造成适宜人类居住的新大陆，达到"火星地球化"才行。显然，这一过程还需要漫长的探索和努力，先实现载人宇宙飞船登陆火星，再到人类建立火星前哨站、火星移民据点，然后大规模改造火星环境、建造设施完善的大型基地，才能最终实现移居火星的长远目标。

由此可见，火星这个最酷似地球的类地行星，对我们人类既有强烈的吸引力，又存在数不清的障碍。究竟要不要去，说到底是个两难问题。为探索和开采火星资源，减轻地球压力，"去"是势在必行的。但倘若去火星，人类所面临的危机和风险就更是超乎想象的艰难。

去或不去，最终都要以人们自己的意志来决定。去，我们就必须做好承受各种风险和困境的准备；不去，我们更要担当起保护地球、保护家园的重大责任。前路漫漫，任重而道远，绝非一朝一夕能够完成的。所以，人类对火星的探索越深入、越详尽，未来移居火星的可能性就越大。

人类的生命风险有哪些

到目前为止，综合多方面因素，在整个太阳系中，火星是人类移居的最佳选择。而世界各国的科学家也一致认为，人类将来移居火星、去火星生活，有很大机会实现。

不过，理论上的可行性与实践中的真实状况无法相提并论。

随着现代科技的发展，我们人类对火星的探索研究也在不断深入，从中获取的信息和资料也越来越多样、越来越有价值，进而能够最大限度地帮助人类实现登陆火星、移居火星的目标。但无可厚非，移居火星是一个很漫长、很艰巨的过程，人类一旦去了火星，将不得不面对种种威胁到自身生命的风险。其中，对人类来说，最大的难题和危险就是辐射。

我们生活的地球，由于地核中包含大量的活性铁元素，能够在地球表面形成一个强大的

美国国家航空和宇航局公布的好奇号火星探测器自拍照片（图片来源：NASA）

磁场。正是因为这个磁场的保护，令地球不会受到来自太阳及宇宙深处剧烈活动产生的有害辐射的影响。很遗憾的是，火星表面基本不存在任何磁场，几乎是完全暴露在太空中，这就使得火星上的辐射非常强，而且难以避免。时至今日，科学家们还没能找到适当的防辐射手段和方法。

人类去火星时，面临危害生命的最主要的两类辐射：一类是银河宇宙射线，它的数量不多，剂量也比较低，但长期存在，什么时候都无法逃避。而且，普通的宇宙飞船根本阻挡不了这些射线，哪怕是 30 厘米厚的铝板也阻挡不住，防护效果微乎其微，射线严重危害到人类的健康。另一类辐射来自太阳系八大行星的主宰——太阳。这类辐射主要是太阳自身活动所产生的高能粒子，可以用飞船的外壳进行有效防护，但仍然会引发多种可怕的疾病，如癌症、中枢神经受损、白内障等。下页图片显示了太空辐射对地球的影响，实际上对火星的影响亦然。

可靠资料显示，航天员在火星上受到的累计辐射量相当于每星期接受一次全身 CT 扫描。在一次 180 天的常规火星旅程中，航天员受到的辐射相当于一名在核电站工作 15 年的员工累计受到的辐射。因此，在防辐射技术取得更大进步之前，人类在火星上只能短暂停留。想要长期在火星居住，显然是一件极其危险的事。

除了辐射带给人类的危害，火星的低重力问题也是人类生命的威胁之一。

我们人类是在地球重力条件下生活的，身体的所有生理指标只能适应地球上的各种物理条件。而火星上的重力只有地球重力的 40%，人类行走在火星上，就如同在水里走路一样，长期处于失重状态。而这样的失重环境，会使水分在人体内的分布发生变化，血浆容量减少，细胞内液丢失，更通俗地说，就是会让身体内的液体物质浓缩变少；还会使人体内的心血管功能发生异常，导致淋巴细胞抗体变异，从而诱发骨质疏松、肌肉萎缩、免疫力下降等各种疾病。

如果火星上的辐射危害能依靠科技的发展去改变和防护，那么关于火星自身的重力问题，我们人类就显得有些无能为力了。当然，未来的路途很长，人类的智慧无限，战胜火星上的失重状态，终有一天会变成现实。

在火星上居住，人类首要面临的两大生命风险——辐射和失重，至少在现阶段是不可避免的。而其他的次要危害同样会威胁到人类的生命，也是我们不能轻易忽略的。前

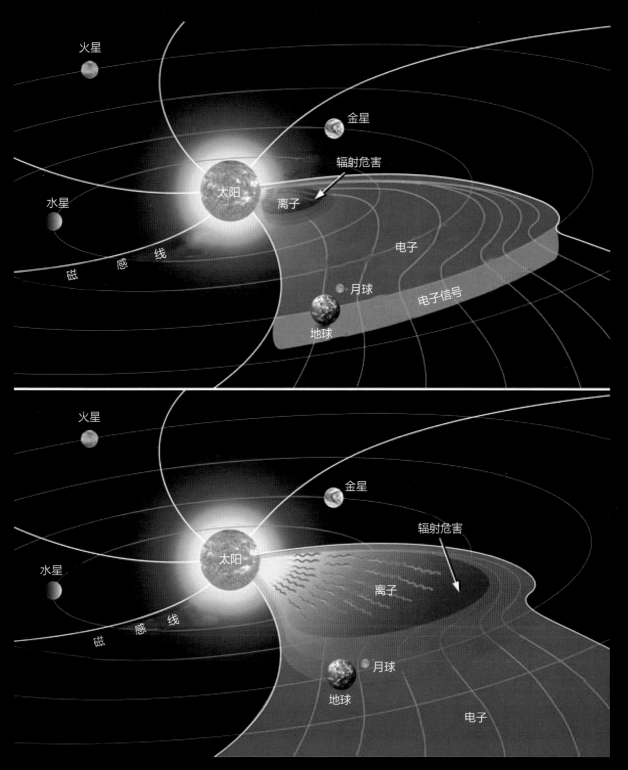

随着时间的变化，太空辐射对地球的影响会越来越大

面我们介绍过火星的大气层，那里几乎没有维持生命最重要的氧气存在，反而充斥着一些有毒气体。虽然这些有毒气体含量非常少，但长久居住在火星上的人类仍然无法摆脱有毒气体带来的伤害，长此以往，必会危及生命。

另外，火星上跨度极大的昼夜温差也是影响人类生命的一个方面。

短短一天的时间，我们要接受从地球上的夏季直接进入冬季的温度转换，毫无意外会给身体带来沉重而痛苦的负担：体内水分的快速流失、血管中血液的极端凝缩、身体中细胞的强烈破坏，这些都能够造成致命的伤害。

尽管火星看起来与地球相似，但事实上危机四伏，可供人类安全居住的空间很小。想要移居火星，我们还有很长一段路要走。美国国家航空和宇航局的一份内部报告曾针对宇航员执行太空任务所面临的各项风险，尤其对人类登陆火星进行了重点评估，并做出了相关的生命风险预测和警告。

以上提到的那些危害都是人类在火星上需要面对的客观状况。除此之外，还有一个我们人类必须解决的主观生命风险——食物。

火星的表面干燥冷硬，覆盖着密密麻麻的砂石，如同地球上的荒漠一般。这种土壤几乎寸草不生，整个火星一片荒凉，没有人类生存需要的食物补给。而人类要想在火星上生活，充足的食物和水源都是必需品。当然，我们可以从地球运送食物到火星，但这段路程耗时太久，最快也要半年到一年的时间，这无疑会造成火星移民在一定程度上的食物短缺。如此一来，若没有足够的食物补充身体能量，人类就会因营养不良而诱发贫血、低血糖、肠胃炎、腹泻等各种疾病，严重者甚至有生命危险。

综上所述，这些大大小小的风险是人类移居火星后不得不接受的。

在地球上，我们习惯了度过安全宁静的日子，人类的身体也适应地球的环境和条件，而火星终归是一个陌生且充满危机的新领域，并非人类短时间内就能够安心居住的地方。尤其是很多危及生命的风险根本避无可避，对此我们确实要三思而后行。

移居火星是全人类的伟大目标，其实现历程是漫长而艰巨的。

在地球科技能够消除或减弱火星带给人类的生命风险之前，我们最需要做的是好好保护、建设我们的地球，这才是重中之重。不过，随着现代科技的高速发展，随着火星探索的日益深入，当火星慢慢被人类"改造"成另一个地球的时候，我们人类移居火星的愿望也就水到渠成地实现了。

火星表面布满了砂石（图片来源：NASA）

怎样应对可怕的风险

众所周知，移居火星是我们人类在未来能够实现的一个伟大而长远的目标。从现代科技的发展来看，这并非虚无缥缈，也绝非一朝成事。

火星与地球的很多相似特性，令人类移居火星的可能性大大增加，也让世界各国的科学家们对实现火星移民的目标充满了信心。不过，火星与地球存在的多种差异也是不能被轻易忽略的。火星自身的环境和条件不但没有地球这样"温和"，而且蕴藏着重重危机，给移居火星带来了巨大的障碍和风险。

因此，人类未来要想移居火星，必须寻找到恰当有效的避险策略。

前面我们分析过，如果人类前往火星、想在火星上生活，就不得不面临一些危及生命的风险，譬如宇宙辐射、太空粒子、有毒气体等。对其中的每一种危害，都要进行妥善且安全的处理，我们人类才能长久地居住在火星上。

那么，对于这些风险的存在，有没有切实可行的规避方案呢？

纵观国内外，很多科学家都提出过移居火星的设想，深知人类长期在火星上生活需要面临的风险，自然也考虑过相关的应对办法和解决办法。

这幅静态图像展示了美国国家航空和宇航局的旅行者 1 号探测器探索太阳系中一个叫作"磁性高速公路"的新区域。在这个区域，太阳的磁感线连接到星际磁感线，允许来自日光层内部的粒子拉开，星际空间的粒子放大（图片来源：NASA）

对宇宙辐射的处理，无疑是科学家们在未来面对的巨大挑战。

在火星移民的过程中，我们人类会受到两种不同类型的辐射危害，这主要是火星没有磁场保护造成的。想要消除辐射对人类生命的伤害，科学家们或者想办法在火星外围建立强大的保护磁场，或者改进宇宙飞船的制造材料，大大提升其抵抗、防护辐射的能力。以我们现代科技的发展来推断，要想清除火星辐射危害，并日益加以完善，至少还要等待上百年的时间。到目前为止，"火星辐射问题"仍然是地球科学家没能攻克的难题之一，强辐射风险的存在也在一定程度上阻止了人类移居火星的脚步。

其实，每个星球都逃不开宇宙辐射的危害。在偌大的太阳系中，也只有地球能够规避辐射风险，适合人类生存，保护生命远离辐射伤害。因此，火星辐射问题并非火星独有，若科学家们将来能够攻克这个难关，那么对于防护其他星球的辐射危害就可以驾轻就熟，甚至开拓出一片更广阔的宇宙探索新领域。

在人类成功跨过辐射危害的大门槛、顺利登陆火星之后，就要开始建立小型的"火星移民试点"，让少数宇航员在火星上进行短期生存试验。慢慢地，逐渐扩大试点规模，并用人工方法营造出适合人类生存的局部生活环境。

对此，科学家们又提出了大胆的设想——"火星地球化"建设。

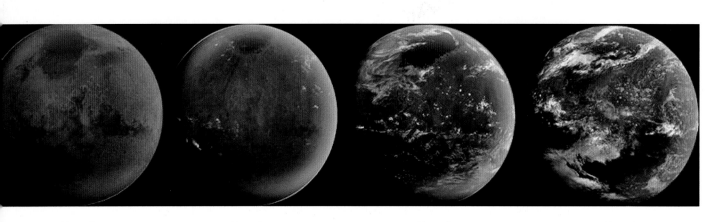

第一步　　　　　　　　第二步　　　　　　　　第三步　　　　　　　　第四步

科学家设想的"火星地球化"的四个步骤（图片来源：腾讯）

所谓"火星地球化"，就是将火星改造成类似地球的环境，让火星更"像"地球。2003 年 8 月，在美国召开的"火星移民研究国际会议"上，很多参加会议的科学家提出，在未来几个世纪的时间里，要把火星改造成一个绿色星球，使之成为人类的第二家园。

根据这个设想，"火星地球化"的技术方案也被罗列出来，具体内容如下：

第一，在火星的大气中添加一些另外的气体，让它们发生化学反应，从而制造出"温室效应"，提高火星的地表温度，让火星的整体气温更接近于地球气温，利于人类生存。

第二，随着"温室效应"的持续，增加火星上的气压，双管齐下使火星上的冰融化为液态水，并逐步从地球引入各种微生物和植物，通过植物的光合作用产生大量的氧气，为生命提供必需的生存条件。

第三，在太空架设巨大的高反射或高折射镜群，将更多的阳光反射至火星表面，令温度大幅提升。这样一来，就可以融解火星的地下冻土层，随后把水引到地表层，逐步形成食用水圈。

第四，在火星上大范围撒播或培养菌类和动植物，减少火星土壤中的有毒物质，增加无机盐含量，并有效防止沙尘暴发生，让火星的整体环境越来越适合人类居住，直到人类不依靠保护装置而能够自由生活。

如果以上的科学设想与改造方案真的能够在火星得以实现，那么人类移居火星的伟大目标就一定会推进得更快、更顺利。当然，这些规避火星风险、改造火星环境的策略尚在研讨商议之中，还没有成熟完善，仍需要各方各界的配合努力，以及科学家们漫长而不懈的研究、探索和试验。

不管怎么说，人类移居火星都是一个需要耐心等待的过程。

美国科学家祖柏林曾制订出一套详细的火星改造计划，大致分成三个阶段：先通过制造温室效应给火星"加热"，让火星表面温度达到人类生存的临界点。接下来，将火星上的冰融化成水，再开始种植植物，通过植物的光合作用提供氧气。最后一步，也是最漫长的一步，就是等待，耐心而长久的等待。祖柏林预估，在火星上，植物要释放出足够人类自由呼吸的氧气，大概需要上千年的时间。

由此可见，移居火星的目标是不可能在短期内实现的。

更准确地说，我们人类大规模移居火星的进程，不但存在各种各样的风险，而且面临很多未知的考验。所以，人类在火星上安居乐业地生活，是不可能一朝一夕达成的，未来还有很长的路要走。

	地球	火星
自转周期（日）	23.9小时	24.6小时
公转周期（年）	365.2天	686.9天
平均温度	59华氏度 （15摄氏度）	-81华氏度 （-63摄氏度）
大气压	101.3千帕	0.6千帕
与太阳的距离（近日点）	1.471×10^8千米	$2.066\,2 \times 10^8$千米
轴倾角	23.5度	25度
重力加速度	$1\,g$	$0.38\,g$

赤道附近平均气温
-76华氏度（-60摄氏度）

大气压：10 000帕

赤道附近平均气温
-4华氏度（-20摄氏度）

人为改变轨道的陨星和轨道上的镜面瞄准冰原，并释放更多的温室气体

大气压：40 000帕

制造超级温室气体的工厂

居住舱

居住社区

后期培育温室

早期培育温室

地球返回式载具

起始年

1 千年计划将会围绕着一系列、为期18个月的调查任务展开。每位成员将会体验6个月往返于地球与火星的旅程，一些小型实验站也会建立起来。

100年

2 人工制成的温室气体将会使冻土和极地冰川融化。工厂制造出温室气体，来自太空的人工镜面汇聚阳光，投射在冰原上，以加速其融化速度。

200年

3 雨水将会在足够的二氧化碳被释放出后出现。温室气体让这颗冰冷星球逐渐苏醒。微生物、藻类和地衣等开始在荒漠中显现。

600年

4 开花类作物在此后出现，有机土壤面积扩大，逐渐有氧气被释放到空气中。针叶林甚至是季雨林开始生根并不断壮大。

火星改造计划

CHAPTER 2

第二章

万里挑一的火星先锋队

火星探索的英雄团队

在整个太阳系中，以行星到太阳距离的远近来排名，火星位于第四位，是最酷似地球的一颗类地行星。自古以来，火星就是人类十分关注的星体，没有任何其他行星能够像火星那样激发人类的想象力。

在古代，天文学家们只能依靠肉眼观察火星，而散发出橘红色光芒的火星，首先成为人类探索和追寻的目标。慢慢地，随着科学技术的不断发展，人类曾经的种种设想开始被付诸实践，登陆火星、探索火星的行动也一步一步推进展开。

于是，去火星的"探险先锋队"出现了。与其他太空探索一样，"火星探险先锋队"的队员也是万里挑一、层层选拔出来的优秀航天员。

航天员又叫宇航员，是指乘坐航天器进入太空飞行的人员。航天员是开拓太空之路的先锋，需要具备多种能力和条件，还要接受严格的训练选拔，能够成为航天员的人可谓是凤毛麟角。

航天员从事着复杂而系统化的工作，经过优中选优的选拔，才能最终确定。由于火星探险的工作任务实在太复杂、太繁重，所以"火星探险先锋队"往往是由多名航天员组成的，他们之间互相配合协作，才能完成最终任务。

根据在飞行过程中承担的不同任务，火星航天员主要分为三大类：指令长、任务专家和载荷专家。

指令长又称机长，是火星飞行任务的领导和负责人，为职业航天员。

任务专家的主要任务是完成火星飞行计划中的系统技术操作，其必须掌握相关的实践技能。所以，任务专家也是职业航天员，并接受过全面训练。

载荷专家为非职业航天员，是具有专业知识的高级人才，主要负责收集和处理实验数据，与地面控制中心联络。

当然，现在随着航天技术的发展，根据飞行任务的不同，航天员正在从某一行业扩大到许多不同的行业，如科学家、工程师、医生、教师、记者、政治家、管理人员以及太空观光旅游者，他们也慢慢成了航天员的备选者。

航天员是一种在宇宙空间从事航天活动的特殊人员，他们要在特殊的环境条件下，完成多种工作和任务，同时能够正常的生活。因此，火星航天员需要具备一些超越普通人的条件，包括开拓地球新家园的责任感、崇高的献身精神、高深的学识水平、非凡的工作能力、优秀的环境耐力、良好的心理素质和健康的身体条件等。

俄罗斯火星 500 任务的参试航天员
（图片来源：www.space.com）

当然，这些对火星航天员提出的要求，都不是能够轻易完成的，必须经过严格的训练才能达到。（注：火星航天员的训练内容，会在后面的内容中详细介绍。）

总之，航天员是一项特殊的职业和工作，也担负着特殊的责任和义务。每个航天员在接受飞行任务的时候，都面临着意想不到的各种风险，有些甚至危及生命。去火星的航天员小组，无疑是探索火星的先锋队，是人类心目中的英雄。

航天员常常会带有一种"希望光环"，承载着人们对未来的美好愿望，但在执行探索任务的过程中，他们要面临的风险和考验往往是普通人无法想象的。而火星航天员更是开拓太空新时代、建立人类新家园的超级英雄，他们将会为人类的火星探索做出难以度量的巨大贡献，值得我们发自内心地深深尊敬。

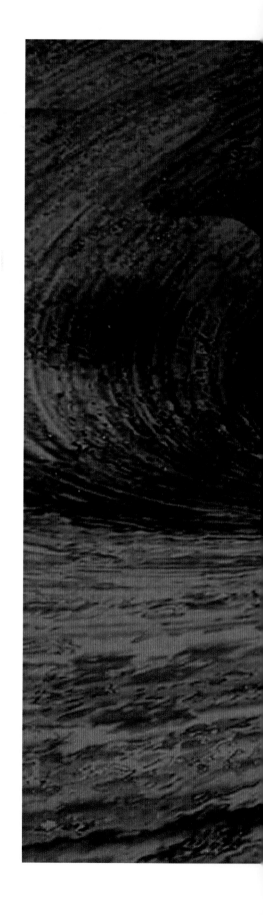

想成为火星航天员吗

我们都知道，航天员所执行的任务是在人类进入太空后完成的。

太空环境与地球环境有着天壤之别，而火星作为最酷似地球的类地行星，其星球环境还是与地球相差甚远的。火星航天员作为开拓火星太空之路的先锋，面临着极大的挑战，不仅要适应环境的变化，还要保证完成任务。因此，世界各国对火星航天员选拔的要求和标准都是十分严格的。

那么，一个人要满足什么样的条件，才可以成为

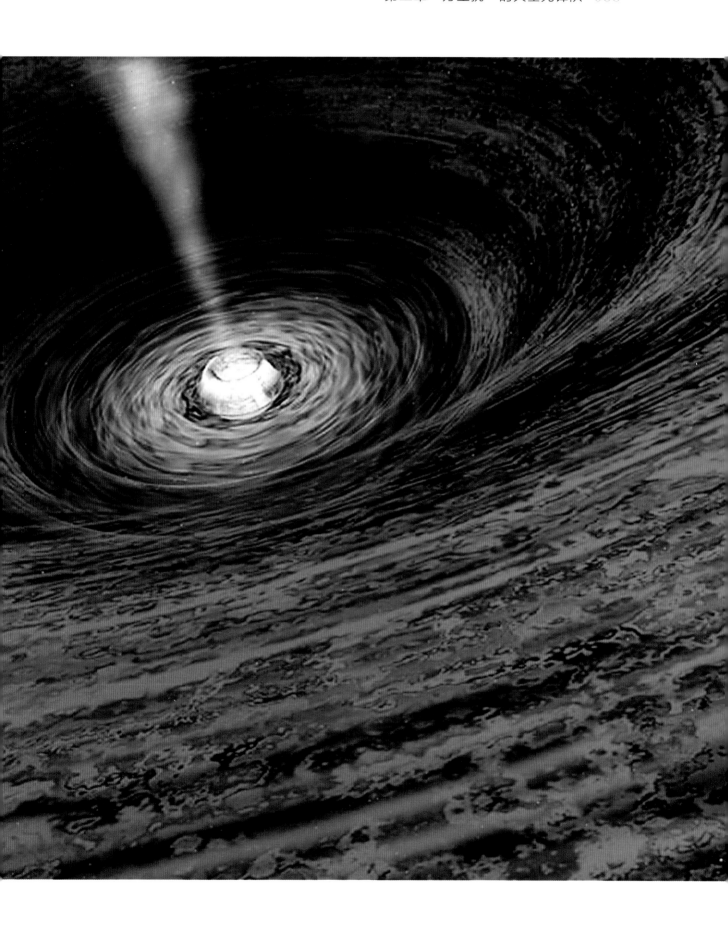

合格的火星航天员呢?

首先,火星航天员必须具有良好的身体素质。

不仅是火星航天员,也包括其他从事太空任务的航天员,他们在进入太空或返回地球的过程中,都需要克服"特殊环境"下的重重困难,适应那些不同的、艰巨的环境考验。因此,航天员的身体素质和综合素质就显得十分重要了。尽管航天员的任务会有所不同,但各个国家对航天员的身体素质要求都是一致的。

在从事火星探索任务的飞行过程中,航天员会遇到超重、失重、噪声、振动、冲击等多种特殊环境,由这些环境的改变而引发的低压、缺氧、高温、高湿等因素,会给人类自身带来许多不利的影响。而且,在极端状态下,还会造成疾病和损伤,甚至导致生命危险和任务失败。所以,想成为火星航天员,自身良好的身体素质是第一位的。

另外,在性别方面,火星航天员往往主要以男性为主,这是从航天员的身体素质方面考虑的。不过目前来看,女航天员的人数正在逐渐增加。在年龄方面,航天员的选择也有着比较严格的限制,指令长和任务专家一般是22～40岁,载荷专家可在40岁以上。

其次,除了身体素质的要求,对火星航天员而言,生理机能和心理素质也是非常重要的。

顾名思义,生理机能主要是指人体自身的基本生理功能,它们的好坏关系着航天员的身体健康和生命风险。良好的生理机能往往会降低各种潜在疾病的困扰和发生概率,提升航天员的健康指数。

而航天员的心理状态常常会对航天任务的完成有着极大影响,可以说是重中之重。尤其是去火星这种长久的飞行任务,对航天员心理素质的要求是非常高的。因为从地球启程的火星之旅,不但耗时长而且危险性大,火星航天员可能随时会受到各种因素的威胁,身处恶劣、封闭、隔绝的环境,还要面对太空中那些难以预测的风险,没有超乎寻常的心理稳定性和心理相容性,是不可能完成任务的。如果航天员的心理素质在某个或某些方面有所欠缺,就会给火星飞行任务带来意想不到的麻烦。

从地球到火星的距离,飞船往返一般需要500天左右的时间。其间,飞船上超负荷的工作压力、狭小的工作生活环境、孤独且无法与外界交流而产生的情绪,以及对飞行任务失败的恐惧,都可能使航天员感到紧张、压抑、烦躁,产生一系列的心理恶化现象,

更严重的还会使航天员产生自杀和破坏倾向。所以，良好的心理状态和心理品质对火星航天员和航天活动来说都是非常必要和重要的。

再次，火星航天员还应具备科学知识和优秀的工作能力，用来操纵、控制、识别、判断应急状态和意外故障；还要进行有效的舱外作业等任务。这些都是对火星航天员的专业技能要求。

火星-500任务期间参试人员通过娱乐活动排解时间

由于航天员的飞行活动主要是在太空中完成的，因此需要航天员能够及时应付各种特殊的太空环境及其变化。在火星飞行的过程中，常见的一些特殊环境因素，包括超重、失重、低压、缺氧、高温、低温、振动、噪声、辐射、隔绝等，要想在这样的环境中完成飞行任务，航天员必须具备很强的环境耐受能力和适应能力。其中，航天员的"前庭功能"是一个重要选拔标准，这个选拔也是最重要的环节之一。

前庭是我们人体的一个感受器官，专门负责感知空间位置。事实证明，如果前庭发生"故障"，就会影响人的感知能力，从而产生眩晕感。医学研究发现，目前眩晕的大部分病例都是由我们自身的前庭系统不协调导致的。火星航天员因太空环境的剧烈变化会使前庭受到直接的冲击。若火星航天员拥有良好的前庭功能，就可以有效减少在失重状态下航天运动病的发病率。

航天运动病也称太空病，是由失重状态下人体的不适应产生的，和一般人平时的晕车、晕船状态非常相似。最初是上腹部不适，继而面色苍白、虚汗头晕、恶心呕吐，吐过之后症状会明显减轻。航天运动病一般发生在太空飞行刚开始的时候，持续 2 ~ 4 天症状会自动消失。但是，你可千万别认为航天运动病算不了什么，实际上，直到现在它都是一个难以攻克的大问题。

航天运动病的发病率很高，资料表明，有将近半数的航天员入轨后会患上这种病。而火星飞行的工作日程又安排得非常严格，航天员有许多重要的操作要完成。如果这时候出现航天运动病症状，那么或多或少会影响空间任务的完成，严重时还会影响到飞行安全。最令人担忧的是，航天运动病的发作没有规律性，无论是新航天员，还是老航天员，都可能在飞行过程中出现这病。如此一来，势必会对火星飞行计划产生影响。所以，一个火星飞行员的前庭功能，关系到他的工作效率、身体健康和整个飞行安全。

最后，也是最基本的，火星航天员得掌握必要的求生技能。

由于载人火星飞船的着陆地点较难控制，特别是应急返回时的极端状况会给航天员的营救造成困难。其实，更准确地说，从火星航天员进舱开始，直到返回陆地出舱结束，他们都面临着各种潜在的危险。在这些情况下，航天员的生存和求生技能就显得更重要了。

通常来说，飞船上都会装有个人救生物品，供航天员在等待营救期间使用。航天员自身也要能够分别在陆地和海洋上，独自安全生存或彼此配合生存，并及时发出营救信号，在等待救援期间尽可能延长存活时间。

正因为航天员的技能要求是严格而苛刻的，所以成为航天员的人都是万里挑一的。

对火星探索的先锋队来说，除了要满足这些选拔条件，还肩负着开拓人类新家园的使命，其重要性和伟大性显而易见。不过，所有苛刻的条件和要求，其实都是为了降低航天员在太空中的生命风险，是他们完成火星任务的最基本保障。所以，只有凤毛麟角的达标者，才有机会进入火星航天员的行列，成为探索火星之旅的先锋队。

火星 500 任务的健身房兼娱乐室

在太空飞行中活下去

火星航天员进入太空后，既要完成规定的飞行任务，又要保障自己的生命安全。相比之下，航天员能够在太空好好活着，就变成了他们最重要的工作。为此，世界各国的火星飞行器都设有生命保障系统。

生命保障系统是保障航天员安全、生活和工作的综合设备。它能够满足航天员对食物和水的需要，维持身体的温度与压力。同时，生命保障系统还能够屏蔽来自外部的有害影响，如宇宙射线、微星体等。

不过，生命保障系统可不是一夜之间就能出现的，而是经历了较长的发展过程才逐步完善起来的。如今，现代载人航天器的生命保障系统日趋复杂和可靠，已能满足多乘员、长时间、重复使用的航天任务要求。

生命保障系统是庞大而复杂的，从火星飞行器来看，主要由以下七部分组成：

第一，环境控制分系统。

这是飞行器的密闭舱内最重要的设施，是保证航天员身体健康的生命保障系统，为航天员创造出适宜生活和工作的人造大气环境。它的基本功能是提供类似地球的环境，使火星航天员能在飞行过程中进行正常的生理活动。

第二，大气再生分系统。

这是令密闭舱内的大气适宜航天员生存的设备和仪器，主要用于供氧、供氮、二氧化碳净化和处理等，负责维持航天员的呼吸，对保证航天员的健康至关重要。

第三，水的供应和处理分系统。

这是供给航天员生活和卫生用水、回收和再生废水的设备。因为火星飞行的距离远、时间久，所以耗水量很大，必须装备废水处理系统，以回收和再生大部分或全部废水。通过不同技术的应用，将航天器内的各种废水变成多种类型的清洁水。

第四，废物处理分系统。

这是收集、储存和处理人体排出的废物和其他杂物的设备。

第五，热控分系统。

这是为创造密闭舱内舒适的大气环境而设置的散热系统。在火星飞行器的密闭舱内，如果温度不加以控制，就会慢慢地升高，令环境变得越来越不舒服。因此，在火星飞行器中会配备完善的热控分系统，保证舱内温度始终维持在航天员最适合的范围内。

第六，居住分系统。

这是为火星航天员提供居住、饮食及日常生活保障的系统。它主要包括起居室、厨房和个人卫生设备。

第七，舱外活动分系统。

这是航天员舱外作业所携带的个人保障系统，包括航天服、个人救生装备等。

总之，航天员要想搭乘飞行器去火星，其生命保障系统必须完备而全面，稍有不慎就会造成航天员的生命危机。因此，能够让航天员在火星探索的飞行过程中好好生存，才是首要的航天工作和任务。

"超人"的超级训练

自从火星移居计划被提出来之后，世界各国都在大力发展载人航天事业，且设有航天员选训中心，对火星航天员进行专业的选拔训练。

航天员选拔是指从特定人群中挑选出能够满足太空飞行要求和完成任务的一个或一组航天员。在火星探索之旅的整个复杂系统中，这是一项非常重要的工作，也是保证火星飞行安全和探索任务的重要基础。

对于火星航天员选拔的程序，世界各国都大同小异，归纳起来主要可以分为以下三个阶段：

初选阶段，根据一般选拔标准，对申请人进行初步体格检查。

复选阶段，对初选合格者进行全面、深入的医学检查和心理学检查。

在中性浮力水槽进行舱外活动训练（图片来源：Roskosmos 俄罗斯联邦航天局）

定选阶段，在各项检查结果的基础上进行综合评定，确定合格的候选人名单，并提交权力部门批准录取。

火星航天员经过训练达到合格标准后，还必须面对"任务选拔"。只有通过任务选拔的航天员，才能飞上太空执行火星探索任务，这也在客观上令火星航天员的任务选拔变得更为严格苛刻。

通常来说，一旦挑选出航天员的候选人，航天员的训练就开始了。

由于火星之旅漫长而危险，火星航天员想要顺利完成任务，必须接受很多难以想象的超级训练。在很多人，尤其是小朋友的心目中，火星航天员就像超人一样，而他们所进行的训练过程也确确实实是个将自身蜕变成"超人"的艰难过程。

现阶段各国对火星航天员的训练，主要包括以下八个方面：

1. 基础理论训练

其目的是帮助航天员建立火星飞行的基本概念，让航天员掌握相关的知识，为后面的专业训练奠定基础。

2. 体质训练

身体素质作为一个人生存的基本条件，在火星航天员的训练过程中是必不可少的。其训练的主要目的是提高和巩固航天员的身体素质，增强抗病能力，使航天员能够以健康的体魄和旺盛的精力完成火星飞行任务，主要分为一般体质训练和特殊体质训练两大类。

3. 心理训练

心理训练是火星航天员在训练过程中必不可少的内容。

航天员在执行火星探索任务时，需要离开他们熟悉的地球环境，而这种环境变化对心理的影响是很大的。心理训练，就是在航天员上天之前，预先对太空环境的情况从心理上进行适应，不断提高航天员的心理承受力。

4. 环境适应性训练

其目的是提高火星航天员对太空飞行环境的耐力与适应力，以及返回地面后的再适应能力。这是对航天员的生理、心理有极大挑战的一项训练。其中，我们经常从专家介绍中听到的这类相关训练主要有三种：超重训练、失重训练和前庭（前面有介绍）功能训练。

5. 救生与生存训练

其目的是使火星航天员掌握生存的基本要领，在去火星的飞行过程中和完成任务的过程中，能够保证自身的生命安全。

6. 专业技术训练

其目的是使航天员掌握火星飞行中必须具备的各种技能和相关知识。这是火星航天员训练中非常重要的内容，一般分为两部分：航天器技术训练、飞行任务技术训练。

7. 飞行程序与任务训练

该训练是在专业技术训练的基础上进行的，是一项综合性训练。

8. 大型联合演练

其目的是训练火星航天员与地面支持人员的协同配合，为火星航天员创造出一个类似于真实的火星探索之旅的环境，进行无限贴近太空实际的训练。

总之，火星航天员从事的是一项非常艰苦且危险的工作。他们从入选开始接受训练那天起，一直都要进行严格的训练，日复一日，从不停止，始终不断。只有这样，他们才能像超人一样完成跨越太空的火星探索之旅，成为人类移居火星的超级先锋队。

美国女航天员在 KC-135 飞机内进行失重情况下自身稳定训练，她手扶的装置是"国际空间站"上的脚固定器（图片来源：NASA）

中国航天员着舱外航天服在模拟失重训练水槽中进行出舱活动任务训练

CHAPTER 3

第三章

火星之路的设计

选择什么样的火星轨道

　　火星是地球轨道外最靠近地球的一颗行星，也是我们地球家园的"好邻居"。火星自身的不少特征也与地球极为相似，所以很多人认为，火星的现在就是地球的未来，开展火星的探测和研究，对于认识人类居住的地球环境，特别是认识地球的长期演化过程，是十分重要的一项工作。

　　其实，我们人类对火星的探测在20世纪60年代就开始了。

　　火星探测技术很复杂，难度也大，这些年的研究道路曲曲折折，极不平坦。我们不妨这样理解，从一个地方去另一个地方，需要的先决条件是什么？是路径！而从地球去火星要经历遥远而漫长的宇宙旅程，其中连接两个星球的通道就变得更加重要了。这条通道就是火星轨道。

　　那么，要选择什么样的火星轨道才能开辟人类的火星之路呢？

　　这是一个相当复杂的规划，要经过无数次精密的设计研究。

　　我们所说的火星之路并非直来直去的路，而是靠着天体之间的引力作用形成的椭圆形轨道。所以，当人类发射火星探测器的时候，必须沿着火星轨道顺势而行，探测器才能准确地降落在火星表面，否则就会失败。

　　地球是太阳系里与太阳距离由近到远排名第三的行星，而火星则排名第四。但地球到火星的距离是变化的，两者最近时约5 500万千米，最远时约4亿千米，相差好几倍。由此可见，从地球到火星所需要的时间长短，与人类发射飞行器时地球与火星的距离点有关。从现代地球科技的发展来说，航空运载火箭（飞行器）还没办法从地球直接飞往火星，而是从地球出发，沿着既定的轨道飞行，先到达火星与地球距离的最远点，再进入火星轨道遇上火星，整个过程大约需要 259 天。

如果把地球和火星环绕太阳公转的轨道简化成一大一小两条圆形轨道，那么飞行器从地球前往火星，就相当于从地球这条较低的轨道转移到火星那条较高的轨道上去。这样的椭圆形轨道被称为霍曼轨道，也叫双切轨道。其主要过程是：首先在低轨道上瞬时加速，让飞行器沿着一条椭圆形轨道逐渐升高，直到绕过半圈之后抵达较高的轨道，再次瞬时加速进入这条轨道。从理论上说，这是目前最省力也最省时的办法。

可事实上，真正的轨道规划要复杂得太多。

除太阳外，地球、火星和其他行星的引力也会对航天飞行器施加不同程度的影响；甚至阳光照射在航天器上面，因此产生的微弱光压也是必须考虑在内的因素之一。

那是因为，即使很微弱的压力，如果持之以恒，也会产生显著的影响，从而改变航天器的轨道。最重要的是，我们大家都知道，地球和火星绕太阳公转的轨道都不是圆形轨道，而是不同程度的椭圆形轨道，这无疑会让地球飞行器进入火星的轨道变得更加复杂。

目前，从我们人类掌握的航空航天技术来看，大约要两年时间才能到达火星。实际飞行路线大致如下：一个长椭圆形轨道，太阳、地球、火星三者在固定的位置点。然后，运载火箭以稍高于第二宇宙速度的速度，从地球发射出去，从而进入轨道，再依照前面所讲的双切轨道飞行方式，抵达火星表面。

不过，航天器想要运行到太空中比较遥远的地方，就需要选择比较节省燃料和推力的方式在太空中运行。航天器发射成功之后在地球附近先加速，从而进入指定的轨

道，当接近火星时，速度再减慢。所以，航天器最佳的发射时间为当它到达双切轨道的远日点时，火星正好在等待它的到来。而这样的时间点 26 个月才有一次。

对近地轨道飞行器来说，由火箭发射进入相应的轨道，这样可以节省大量的燃料，而航天器也会在相应的轨道上很好地执行任务。当卫星到达指定的太空中，目标也正好处于光照条件下，这样才会有高质量的观测数据。

目前，去火星的计划只有美国国家航空和宇航局有能力进行，美国国家航空和宇航局也正在积极推进载人登陆火星的任务。不得不说，载人航天器飞往火星具有相当大的难度，主要涉及如何选择轨道，因为这关系到火星任务需要携带多少补给物品。不过，米兰理工大学的科学家弗朗西斯科与美国国家航空和宇航局的专家爱德华通过数学计算发现了一条前往火星的捷径：先将探测器部署在类火星轨道上，再通过火星的引力将其减速并成为火星的卫星。

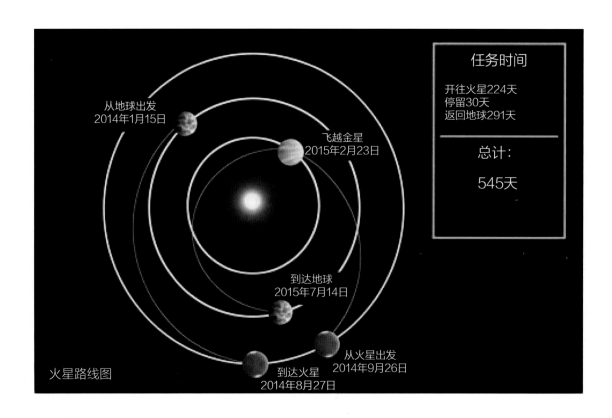

从地球出发
2014年1月15日

飞越金星
2015年2月23日

到达地球
2015年7月14日

从火星出发
2014年9月26日

到达火星
2014年8月27日

火星路线图

任务时间

开往火星224天
停留30天
返回地球291天

总计：

545天

这个理论如果用于载人探索火星，在时间上会增加几个月，使得原本 500 天左右的任务期被延长 100 多天。但相应地，科学家们能够从中获得更简单的火星轨道设计以及更便捷的探索火星途径。美国国家航空和宇航局行星科学部的科学家詹姆斯·格林认为，这种弹道式的轨道设计是一个非常有想象力的轨道设计，能够开启更多的火星任务，向火星派遣更多的探测器，甚至在载人登陆火星时也能够用到。

　　现阶段，我们使用火箭前往火星，必须进入双切轨道运行，而新理论、新方法的特点在于不需要使用复杂的火星轨道，也不需要进行点火减速，这就大大简化了前往火星的复杂性，为今后探索火星提供了一种新的可能。

天体引力对火星轨道的影响

前面我们已经讲过，从地球发射火星探测器，从理论上来说，应该存在很多不同的路径，也就是说有很多不同的火星轨道。

但是，轨道的设计和选择却是非常复杂的。其中的原因，在前面的内容中已有详细的介绍和说明。因为火星探测器的轨道很复杂，无论是设计、选择、研究，还是内部系统和运行条件，都需要精确的测算和计量，尽可能不断提高精密度，以达到火星探测轨道的最大优化性。

除此之外，影响火星轨道运行的各种因素也是不能忽略的。其中，最直接、最重要的影响因素便是天体的引力。

　　一个天体绕另一个天体进行有规律的运动时，往往会因受到其他天体的引力而在轨道上产生一定的偏差。在这种天体引力的作用下，探测器的坐标、速度和轨道都会产生不同程度的变化。

　　毫无例外，天体的引力对火星探测器的轨道也存在同样的影响。只有准确地掌握了由引力造成的影响因素，才能准确无误地计算火星探测器的运动，从而掌握火星的运动规律，设计出更精确的运行轨道。这不仅具有丰富的理论内容，也有较高的实用价值。

　　火星探测器轨道，从不同的运行阶段来划分，可以分为三段：第一段为逃逸段，即从地球表面到地球引力范围边界的轨道（地心轨道）；第二段为星际巡航段，即从地球引力边界到火星引力边界的轨道（日心轨道）；第三段为捕获段，即从火星的引力边界到绕火星运行的轨道（火心轨道）。如此一来，火星探测器第一运动阶段的天体引力主要是地球引力；第二运动阶段的天体引力则是太阳引力（光压），也就是太阳的辐射压力；第三运动阶段的天体引力当然就是火星引力了。

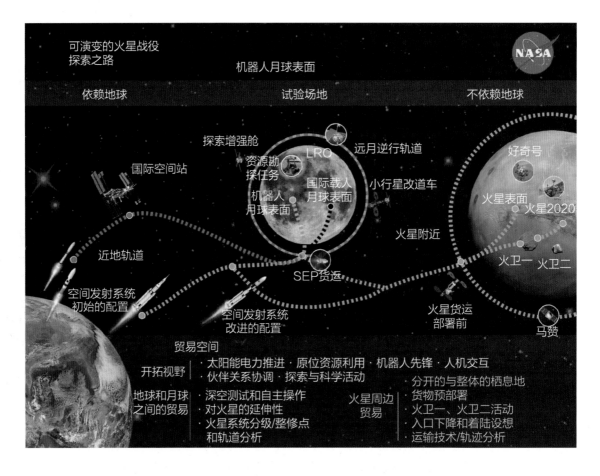

地球飞往火星的轨道路线（图片来源：NASA）

事实上，任何中心天体的密度分布都不是均匀的。从某种角度来看，天体的形状也不是光滑的球形，而是不规则的形状。那么，这些非球形部分的密度影响，对火星探测器的运动来说，也是一种不可忽视的特殊引力。

　　另外，火星探测器在大气层中飞行的受力状况相当复杂，所承受的气动力也会随着相应的大气状态不同而有差异，因此轨道运行过程中的速度就会受到影响。当火星探测器距离地球较远时，太阳的辐射压力会超过大气阻力，其影响也是非常显著的。

　　火星探测器运行的第一阶段，由于地球引力的影响，会使探测器的速度和位置产生一定的偏移量。不过，偏移量能够采用人为方法进行补偿，做出及时的矫正。

　　火星探测器运行的第二阶段，人类对太阳引力（光压）的影响进行分析研究，是为了切实有效地估计出火星探测器的位置和速度等信息，以便帮助火星探测器在下一阶段准确地进入火星轨道。

　　火星探测器运行的第三阶段，也是最后一个阶段，即由星际轨道向火星轨道的转移。这一阶段的中心天体是火星，正如第一阶段的中心天体是地球一样，两者之间存在着一些相似点：由于火星引力的影响，火星探测器的速度和位置也会产生一定的偏移量，当然这些也能进行及时的补偿和矫正，问题不大。

　　综上所述，在火星探测器运行的不同阶段，由于天体引力的影响，火星轨道也会有相应的改变。在地球逃逸段的运行中，主要的天体引力为地球引力；在日心轨道段的运行中，天体引力的影响为太阳引力（光压）；在火星轨道的捕获段运行中，火星引力的影响是最大的。只要掌握不同天体引力的影响，并采取相应的控制和补偿措施，就能够大大保证火星探测器在轨道运行过程中的可靠性和准确性了。

图片来源：［美］欧阳凯（Kyle Obermann）

伟大而漫长的火星探索之路

人类探测火星之路，其实自古就有。

我国拥有世界上最悠久、最连贯的火星天文学记录，在古籍《开元占经》里，火星被称为"荧惑"，因为从地球远望火星，火星看起来就像一团悬挂在空中的火球一样，让人既害怕又惊奇，捉摸不定，又充满敬畏。所以，在我国古代，人们一直都觉得火星是一颗会迷惑人的妖星，是可怕而危险的象征。

此外，我国的另一本古籍《广雅·释天》里也有类似的记载。该书曾明确指出，火星被称为罚星或法星，在天空中时刻监督着人们，无论谁犯下了错误或过失，都会遭到火星给予的惩罚。由此可见，火星在古人的心目中，还是一种威严的存在，具有很强的震慑作用。

其他古代文明对火星也有不同的记载，如古罗马神话中的战神 Mars 就是以火星命名的，这是因为火星呈现猩红色，是嗜血战神所喜欢的颜色。当然，更严肃、更正规的天文学观测可不是用来震慑世人的，而主要是出于农业生产、历法制定以及占星等目的。早在公元前 2000 年的古埃及，就已经出现了有关火星运行规律的记载。

我们现代人对火星的探索之路，也早在 80 年前就悄然开启了，而这一趟离开"地球摇篮"的旅程的创始人正是土星 5 号运载火箭的总设计师韦纳·冯·布劳恩（Wernher von Braun，1912—1977）。他在幼年时期就对天文和物理尤为热爱，对火星更是情有独钟。18 岁时的韦纳·冯·布劳恩便提出了载人登陆火星的设想，这在 1930

年是难以想象的。

韦纳·冯·布劳恩设想的不是一个简单的火星旅程，而是一个以南极科考队为蓝本的巨大的科学考察宇航团，原因在于南极科考队与世隔绝的环境和载人登陆火星的环境类似。随后，韦纳·冯·布劳恩的火星考察"舰队"开始了模拟登陆火星的太空之路。如果不计算建造火星"舰队"和返回后人员物资输送所需的时间，那么整趟火星探险任务的时间为963天。

许多人认为美国国家航空和宇航局在阿波罗计划结束后就放弃了深空探索，其实不是这样的。从韦纳·冯·布劳恩的"火星计划"中也能看出，美国国家航空和宇航局从来就没有停止过对太空的探索。

1989年，美国政府宣布支持美国国家航空和宇航局进行庞大的载人深空探测。于是，美国国家航空和宇航局在1989年10月公布了研究结果，包括重返月球、建立永久月球基地以及载人登陆火星等。毫无疑问，作为美国国家航空和宇航局官方进行的第一次可行性研究，载人登陆火星吸引了全世界最多的关注，也奠定了美国国家航空和宇航局从1990年至今乃至未来的火星之路发展方向。

2014年1月24日，美国国家航空和宇航局又发表报告，说好奇号火星探测器的任务是探索火星古代生命的证据，或者与古代湖、河有关的平原，这些沉积平原也许能为生命提供合适的环境。也就是说，寻找古生物化石、有机物等能为生命的存在提供可能性的证据，目前是美国国家航空和宇航局的首要目标。

美国国家航空和宇航局设定的这个目标并不是无端空想。早在2000年，美国国家航空和宇航局就拍摄到了火星表面沉积岩的照片。这种与地球上因水流形成的沉积

土星 5 号运载火箭的总设计师韦纳·冯·布劳恩（图片来源：Wikipedia 维基百科）

土星 5 号运载火箭与韦纳·冯·布劳恩博士的合影（图片来源：Wikipedia）

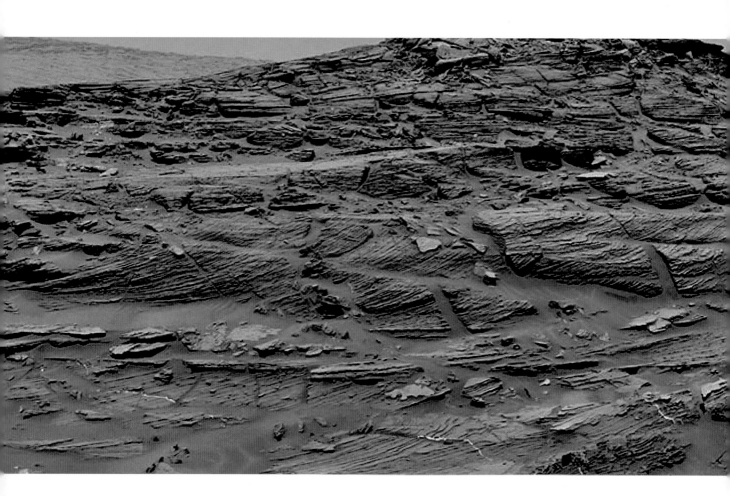

2015 年好奇号火星探测器拍摄的火星表面沉积岩（图片来源：geology 网站）

岩十分类似的证据令有关专家判断，数十亿年前火星上曾有湖泊存在。

除了这些证据，科学家们还希望在火星上找到液态水。火星上的水几乎全部以冰的形式存在于两极，只有极少量以气态形式存在于大气层中。随着研究的进一步展开，截至 2010 年，人类已发现超过 4 万条大大小小的河谷，遍布火星表面。

在过去的 40 多年间，美国国家航空和宇航局已将许多探测器送上了火星，下一个目标是在 21 世纪 30 年代将宇航员送上火星。

人类从古代开始就仰望火星，记录它的不规则运行，设想各种各样的宇宙理论模型。16 世纪，从计算火星的轨道开始，开普勒定律为牛顿定律奠定了基石；19 世纪，人们畅想这颗与地球相似的星球上也存在智慧生命；直到今天，人类对火星的幻想与好奇仍未停歇。这条漫长而伟大的火星探索之路，将会持续到何年何月谁都无法预测，但随着科学技术的不断发展，我们人类实现移居火星的终极目标，肯定会越来越近。

CHAPTER 4

火星任务"知多少"

继地球之后，火星被认为是太阳系中最有可能存在生命的行星。

于是，人类开始对火星产生了极大的探索兴趣，其中最常见的问题是：在火星上，是否有生命存在？形成生命的基本条件是什么？火星过去发生了什么？生命存在的证据有哪些？火星的总资源如何？火星是否应该成为人类下一个探险移居的目标？

就这样，为了揭开火星的层层奥秘，从 20 世纪 60 年代开始，人类就对火星展开了一系列不懈的探索和研究。

早在冷战时期，苏联和美国开展的太空争霸战，就已经将各自探索的目标指向了深空，这也拉开了全人类对火星探测的序幕。

从 1960 年 10 月 10 日苏联发射"火星 1960A"探测器至今，人类共组织实施了 43 次火星探测任务，成功或部分成功 22 次。"火星 1960A"是人类历史上第一个火星探测器，虽然没能发射成功，但吹响了火星探测的号角。紧接着，在 1964 年 11 月，美国的火星探测器"水手 3 号"成功发射。随后，欧洲国家相继加入这场角逐，奋力抢滩火星，开始了一个又一个火星探测任务。

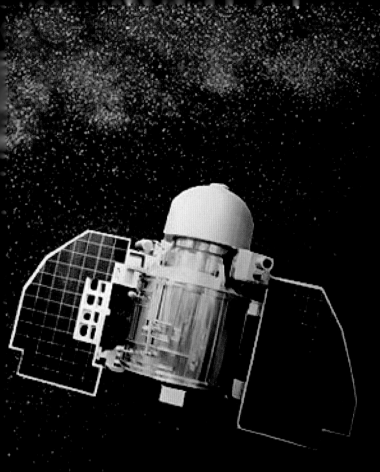

苏联发射的"火星1960A"探测器示意图

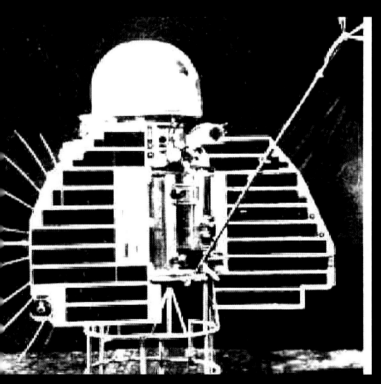
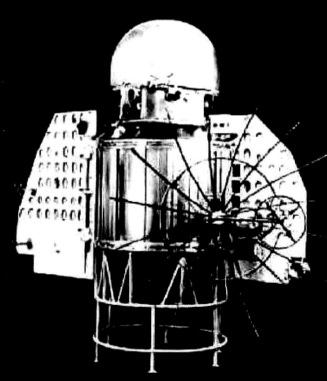

苏联发射的"火星1960A"探测器照片

1960—1971年，苏联先后发射了多个火星探测器，遗憾的是，几乎都以失败告终。1971年5月19日，苏联发射的"火星2号"探测器终于成功进入了火星轨道。

1964年，美国国家航空和宇航局发射的第二个火星探测器"水手4号"成功抵达火星轨道并实现"飞掠"，发回了大量宝贵的一手资料。这不仅仅是美国，也是整个世界第一次完成的火星探测任务。在距离火星表面近1万千米的高度，"水手4号"拍摄到第一张火星近照，还对火星周围的空间环境进行了研究，成果相当丰厚，令世界振奋。

到了20世纪70年代，美国国家航空和宇航局发射的水手系列探测器"水手9号"又成功进入了火星轨道。此后，美国连续发射了海盗系列探测器，该系列探测器由轨道器和着陆器构成。其中，"海盗1号"着陆器于1976年9月成功登陆火星，并成功传回了火星表面的很多照片。海盗系列实现了对火星的第一次成功"软着陆"，奠定了人类火星探测的基础。

1996年12月7日，美国的"火星全球勘测者"探测器发射升空，此次观测到的火星地面范围是有史以来最大的。这个探测器持续运行了将近10年，最后在2006年11月5日与地球失去联络，它是最成功的火星任务执行者之一。

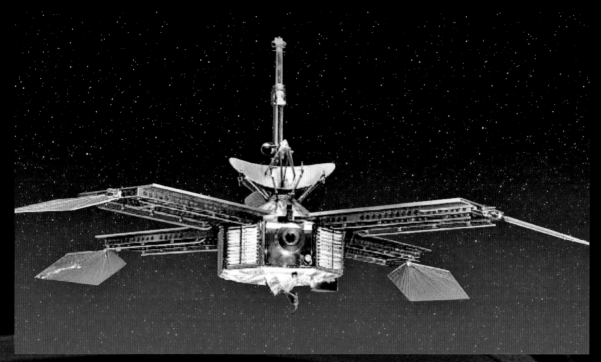

美国的"水手4号"火星探测器

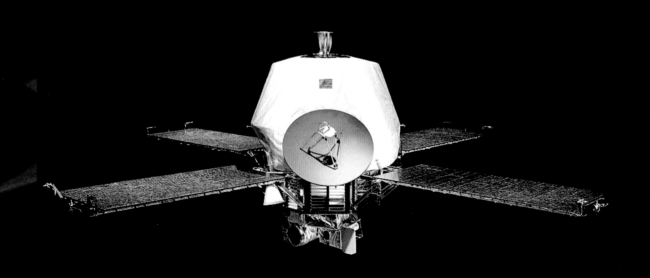

美国的"水手9号"火星探测器

美国的"火星全球勘测者"探测器

到了 21 世纪初，"火星奥德赛"探测器、"机遇号"和"勇气号"火星车、火星勘测轨道飞行器、"凤凰号"和"好奇号"等探测器，都被美国成功发射运行。凭借这些火星探测器，美国几乎实现了对火星的立体勘察，发现并揭开了有关火星的很多奥秘。

相对而言，欧洲在火星的深空探测上起步比较晚。

2003 年，欧洲空间局发射了"火星快车号"探测器，其轨道器运行正常，但其着陆器"猎兔犬 2 号"失去了联系。然而，在 2015 年年初，美国国家航空和宇航局的火星勘测轨道飞行器发现了疑似失踪的"猎兔犬 2 号"。当年，欧洲空间局以为此着陆器已经坠毁于火星表面，没想到，它居然会这样失踪了十多年，也算是火星探测史上的离奇事件了。

不过，凭借"火星快车"任务，欧洲的火星探测也取得了重大发现。目前，"火星快车号"探测器已经围绕火星运转达 5 000 多次，也传回了大量的资料和地表影像，为火星探测研究做出了巨大的贡献。

在亚洲，火星探测才刚刚起步，但探测技术正在飞速发展。

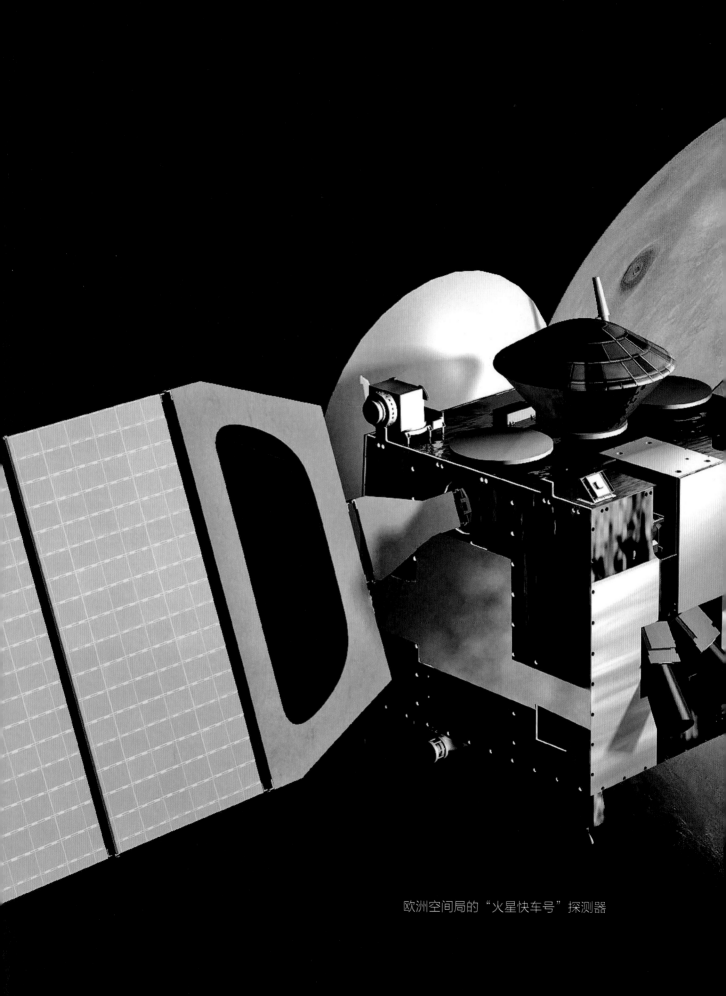

欧洲空间局的"火星快车号"探测器

2013 年，印度发射火星探测器，成功进入火星轨道。这是印度历史上的首个行星际探测任务。而亚洲的其他国家，在火星探索上的尝试和贡献还非常有限。

　　中国国家航天局明确表示，火星探测任务已经批准立项，我国预计在"十三五"规划的末年，即 2020 年发射一个火星探测器。

　　中国第一次火星探测的目标，是想一次性实现"环绕、着陆、巡视"三项任务，这种形式在国外还从来没有过，可想而知其难度有多大。因为这个目标对火星探测器的自主能力要求非常高，同时火星探测器还要具备较高的环境适应性，这些都是非常难解决的问题。

　　目前还没有一个国家或组织通过一次发射就成功完成"环绕、着陆"

两项火星探测任务的先例，而我国将在 2020 年通过一次发射完成"环绕、着陆、巡视"三项火星探测任务，这将是史无前例的巨大技术挑战。

纵观全世界，在 21 世纪第二个十年里，火星探索进度最快的仍是美国。下一步，美国计划在火星上进行"软着陆"，同时把火星土壤样本带回地球。如果成功，则将为以后人类移居火星积累下非常宝贵的经验。

随着越来越多的国家加入火星探测计划、执行不同的火星探测任务，相信人类未来的火星探测技术会更加先进、更加成熟。其实，每一次火星任务的成功与失败，都是火星探测史上的重要节点，是值得整个世界为之骄傲的深空探测历程。

多种多样的火星着陆器

火星作为与地球最近的类地行星，早已成为人类探测和研究的重要目标。因为火星各方面的条件和环境，相比于其他星球，更适合我们人类移居。所以，人类对火星一向抱有浓厚的探测兴趣，想更深入、更细致地了解这颗红色星球。

不得不说，从 20 世纪 90 年代开始，随着航空航天技术的进步与成熟，人类对火星的探测已经取得了巨大的成就。据统计，在全世界范围内，现共有 11 个轨道器进入火星轨道，观测火星全球；4 个着陆器成功着陆火星，3 辆火星车登陆火星，拍摄和传回大量火星表面图片；新型着陆器登陆火星北极，进行火星表面现场取样研究，也获得了令人振奋的科学成果。

目前，人类对火星实现了三种方式的探测：① 掠过火星进行观测。② 环绕火星进行探测。③ 在火星着陆进行现场探测。

当今世界，很多航天大国都非常看重火星探测，美国国家航空和宇航局、欧洲空间局、俄罗斯联邦航天局等对火星的探测已经提出了长远计划，都在持续不断地进行火星探索任务。由此可见，世界上的航空航天大国对火星探测的重视程度很高。不仅如此，美国、欧洲还分别制订了"太空探索新构想"和"曙光计划"，并在一系列规划中明确提出，将在 2033 年左右进行载人火星飞行。美国积极推进"空间探索新构想"，每两年都会发射火星探测器。2011 年 11 月 25 日，美国发射的"火星科学实验室"（MSL）火星车，又名"好奇号"火星

美国发射的"火星科学实验室"（MSL）火星车

车，采用新型的、精确的着陆技术，开始进行火星生物学研究，探测火星上是否有生命存在的证据。

如今，世界各国纷纷争相抢滩火星，而大家最终的共同目的是在22世纪、23世纪实现人类移居火星的终极目标。现阶段，人类对火星的探测研究已经逐步深入，越来越成熟。毫无疑问，火星探测能够取得令人振奋的科学成果，与人类展开的火星探测密不可分。而各种不同的火星探测器在此研究过程中，也在不断更新换代，日益精进，为火星探测任务做出了巨大贡献。

火星探测器是一种用来探测火星的人造航天器，包括从火星附近掠过的太空船、环绕火星运行的人造卫星、登陆火星表面的着陆器、可在火星表面自由行动的火星漫游车以及未来的载人火星飞船等。

火星探测器的类型多种多样，也肩负着各自不同的任务。有些探测器只需要掠过火星进行观测；有些探测器能够环绕火星进行探测；还有些探测器也就是在火星表面着陆后进行深入探测任务的着陆器，则要执行更多、更复杂的拍摄和研究任务。

从1960年的"火星1号"探测器开始，美、苏、欧、日相继发射了数十个火星探测器。慢慢地，随着航天科技与火星探测技术的不断发展，现今人类对火星探测的研究已经到了"软着陆"阶段。要实现人类未来移居火星的目标，首先必须保证火星探测器能够成功在火星表面着陆，然后才能一步一步完成人类建造火星家园的设想。

火星着陆器是应用着陆技术令航天器在火星上着陆的一种探测器。苏联虽然是世界上最先开展火星探测活动的国家，但因火星探测技术复杂、飞行时间长、任务风险大，苏联的火星探测任务大部分以失败告终。后来苏联慢慢被美国赶超，美国成了探索火星进度最快的国家。

"海盗"计划是美国最成功的火星探测计划之一，于1975年实施。该计划包括2颗探测器，探测器由两部分组成，即一个轨道器和一个着陆器。"海盗"计划使美国突破了火星着陆探测技术，轨道器环绕火星轨道工作4年多。

"海盗1号"探测器的着陆器于1976年7月20日着陆在火星表面的克利斯平原，这是人类发射的探测器第一次成功登陆火星。这颗着陆器从轨道器释放后，利用巨大的降落伞和制动火箭成功实现三点着陆。"海盗1号"在火星表面正常工作超过6年，直到 1982 年 11 月 13 日因地面错误指令而失去通信联系。

"海盗 2 号"着陆器,于 1976 年 9 月 3 日登陆火星的乌托邦平原。"海盗 2 号"着陆器在火星表面工作 3 年多,最后在 1980 年 4 月 11 日因电池失效而结束工作。

美国的海盗系列着陆器是六边交替铝结构,有三条腿支撑平台,上面安装有科学仪器,总重量为 91 千克。其主要任务是观测火星环境,采集火星表面的样品做分析,进行火星表面的生物学试验,了解火星表面是否存在生命迹象。美国的海盗系列着陆器在火星表面工作期间,共向地球发回 300 多万份火星气象报告和 5 万多幅火星照片,但经过无数次探测后,并没有在火星上发现生命迹象。

迄今为止,在近代世界各国的火星探测过程中,美国无疑是发展最快的,但火星着陆技术也暂时止步于海盗系列着陆器。不过,我们始终相信,随着现代航空航天技术的成熟和发展,世界各国也越来越重视火星的探测研究,一定会出现更多先进的、新型的火星着陆器,从而加快火星全面探索的步伐。

美国的"海盗 2 号"探测器模型(来源:NASA)

自由自在的火星漫游车

火星作为与地球最相似的太阳系内行星，一直是人类探索的关注目标。人类对火星的探索发现，也如同意大利探险家哥伦布发现新大陆一样，为人类科技的文明、进步和发展做出了巨大的贡献。

世界航天大国为实现火星探索、移居火星的目标，从 20 世纪 60 年代就纷纷展开火星探测。随着航空航天技术的进步和发展，火星探测逐渐取得了巨大的成果，获得了突破性的进步。

为完整细致地了解火星的复杂状况，探寻火星生命的存在，人类对火星的探测研究更加深入、更加全面。其中最明显的就是火星探测器的种类和功能正在日趋先进，朝着轻便、自由、多任务、智能化方向发展。因此，以环绕火星飞行的轨道器为基础，逐渐衍生出多种类型的新型火星着陆器，最受关注的无疑是火星漫游车。

火星漫游车是指人类发射的、在火星表面行驶并进行考察的一种特殊的车辆。它能够适应火星表面的环境，冲破一些极限的条件限制，并携带科学仪器在火星表面进行巡视勘察等多种任务。

随着火星探测器的不断发展，人们逐渐发现，无论是轨道器，还是着陆器，都给地球带来了很多与火星相关的信息。但是，火星上仍然存在很多未解之谜，这些固定的探测器无法进行有效的探索，而我们人类又想进一步了解火星更多的信息。在这种情况下，能够自由自在行驶的火星漫游车也就应运而生了。

火星漫游车的作用主要有以下三个：

（1）对火星表面的地形地貌进行勘察。

（2）拓展探测范围，对目标任务进行深入细致的探测。

（3）满足某些科学仪器的移动探测需求。

由于火星漫游车的显著优势，更有庞大的潜力和发展空间，它已经成了美国这样的航空航天强国展开火星探索的主要探测器。

美国 1997 年发射的"火星探路者"探测器第一次释放了火星漫游车"索杰纳"。

"索杰纳"火星漫游车仅有微波炉大小，重约 10 千克，不能离开固定的探测器（火星探路者）距离太远。"索杰纳"火星漫游车是第一个登陆火星的漫游车，也是最成功的火星漫游车之一。它主要用于探测和分析大量岩石和土壤的化学组成，发回了 16 550 张彩照、15 份火星土壤和岩石化学成分分析结果及大量的气候、风力、风向等测量数据。"索杰纳"火星漫游车原来的设计寿命是 7 天，但它整整工作了 3 个多月，是原设计时间的 13 倍多。在这一次的火星探测过程中，着陆器和火星车的寿命大大超出了科学家们的预期，得到了意外的惊喜和收获。

"索杰纳"火星漫游车（图片来源：NASA）

进入 21 世纪后，美国国家航空和宇航局继续稳步推进它的火星探测计划。

按照火星发射窗口每隔 26 个月一次的机会，美国国家航空和宇航局在 21 世纪头十年中安排了 5 次火星探测任务，每两年 1 次，分别为：

（1）2001 年执行的"火星勘探者"计划。

（2）2003 年执行的"火星探测漫游车"计划。

（3）2005 年执行的"火星勘查轨道器"计划。

（4）2007 年执行的"凤凰着陆器"计划。

（5）2009 年执行的"火星科学实验室"计划。

2003 年 6 月与 7 月，两辆火星勘测漫游车——"勇气号"和"机遇号"分别发射升空，并于 2004 年 1 月先后在火星表面软着陆。这对火星漫游车姐妹，在火星表面的不同地点进行勘测考察，出色地完成了火星表面的巡视探测任务，它们的实际工作寿命也远远超过预期的半年。

"勇气号"火星车于 2004 年 1 月 3 日着陆到火星表面的一侧，"机遇号"火星车则在 1 月 25 日着陆到火星表面的另一侧。"勇气号"火星车的设计寿命只有 90 天，但实际上它工作了 2 208 天；"机遇号"火星车则完成了 90 天的任务，并在火星上运行火星车的使命。这两辆火星漫游车向地球传送回了大量数据，拍摄了很多极富科学价值的火星近照，发现了火星上的第一个陨石，发现了火星海洋和液态水留下的痕迹，开展了大量的科学考察。

2011 年 11 月发射、2012 年 8 月登陆火星的"好奇号"火星探测车是美国发射的第四辆火星车，是美国第七个火星着陆探测器，也是世界上第一辆采用核动力驱动的火星车，其使命是探测火星气候及地质，探测盖尔撞击坑内的环境是否曾经能够支持生命，探测火星上的水，以及研究日后人类探索的可行性。它的长、宽、高分别为 2 900 毫米、2 700 毫米、2 200 毫米，大小与一款小型汽车的大小不相上下，质量 899 千克，其中包括了 80 千克的科学器材载重。"好奇号"发现了火星曾经存在更浓密大气的证据，曾经有过流水的决定性证据，并且它在火星的岩石中发现除水之外，还有二氧化碳、二氧化硫、硫化氢、氯甲烷、二氯甲烷等较为复杂且跟生命活动息息相关的物质。

其实，早在 1997 年"索杰纳"漫游车登陆火星以前，人们就已经预料到，这种漫游车是人类进行火星探测的最有效探测器之一。而且，随着未来火星漫游车技术的发展完善，更先进、更高级、更自由、更智能的新型火星车会接连面世，并被送往火星执行更多、更复杂的探测任务，火星探索将会更加全面、细致、深入，人类也将会一步一步靠近移居火星的终极目标。

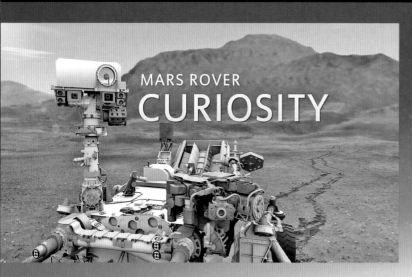

"好奇号"火星探测车（Mars Rover Curiosity）
（图片来源：NASA）

"好奇号"降落到火星后的一张自拍照片
（图片来源：NASA）

CHAPTER 5

第五章

前往火星的充分准备

确立载人登陆火星计划

　　火星是我们地球的近邻，更是太阳系内与地球各方面条件最接近的行星，人类对火星的探索和研究由来已久。到了近现代时期，随着航空航天技术的发展和日益成熟，世界各国都极其重视对火星的探测，并纷纷提出火星探测的长远计划和任务目标。毫无疑问，人类探索火星的终极目标只有一个——完成载人登陆火星，掌握人类可以移居火星的技术能力，开辟第二家园。但是，实现这个目标的难度非常大，火星之路的过程漫长而艰辛，不仅需要坚持不懈的探测研究，更需要耐心持久的漫长等待。

　　正因为如此，在实现移居火星的最终目标之前，人类必须循序渐进地做好各种充分准备，才能一步一步完成多重火星任务，直至成功移居火星。于是，美国国家航空和宇航局已经明确提出"火星2020"

图片来源：[美]欧阳凯（kyle Obermann）

"火星 2020" 漫游车

计划，这将开启一个全新的火星拓展时代，并为 2030 年前将人类送上火星铺路。

在浩瀚缥缈的辽阔宇宙中，人类最终会拥有地球以外的第二生存空间吗？这个问题的答案虽然现在还不够明确，但人类探测火星的坚持和努力是有目共睹的，且这份信念与坚持绝不会因任何其他影响而中断。所以，我们始终相信，在未来的某一天，人类一定会实现移居火星的目标，将火星变成第二个人类家园。

而现阶段，以当今世界最先进的航空航天技术为指引，科学家们设定的首要任

务是实现部分人类的火星登陆，即"部分载人登陆火星"任务。尽管这个任务与全人类移居火星的终极目标相比，从技术操作层面来说，会相对容易达成一些，但仍然需要一步一步慢慢推进。毕竟人类登陆火星的风险是极其巨大且无法预测的。美国国家航空和宇航局提出的"火星2020"计划就是实现"载人登陆火星"任务的第一步。

美国全新一代火星车——"火星2020"（Mars 2020）共装配23台相机，是一个拥有23只"眼睛"的"怪物"。这23台相机，包括7台科学相机、7台降落着陆用的辅助相机和9台工程相机——能够帮助火星车避免火星上的障碍物。作为"火星2020"的"主眼"的多谱立体成像仪，能够提供更多高分辨率、色彩鲜明的三维图像，同时还新增了变焦功能。如此一来，科学家能够更加清楚地观测到火星地质特征的细节。此外，拍照速度快，动态拍照效果增强。"火星2020"将利用车载视觉、矿物学和化学分析仪器对登陆地周围的环境进行分析。此外，它还将探测火星岩石和土壤中的生物学信号。按照计划，它将采集31个岩芯和土壤样本并带回地球，而后在地球上的实验室进行更为细致的分析。"火星2020"计划将于2020年7月或者8月发射，2021年2月在火星着陆。

火星取样
2020年，美国国家航空和宇航局计划派一个探测器到火星收集并储存岩石和泥土。以钚为动力的火星车将有七个仪器，还可以装备一架直升飞行器。

超级相机
一种能远距离探测火星岩石和泥土化学成分的激光爆炸机。

直升飞行器
火星车可以携带一架直升飞行器，在稀薄的大气层中飞行，并侦察前方的道路。

火星地下实验雷达成像仪
用于探索地下的探地雷达。

钚电源为火星车供电。

立体成像仪
可缩放全景照相机。

环境动力学分析仪
火星车的气象站，用来测量温度、风速和其他气象因素。

拉曼和荧光光谱仪
研究矿物学和化学的紫外光谱仪。（它的相机名叫华生。）

X射线岩石化学行星仪
一台X射线光谱仪，用于探测岩石和泥土的化学成分。

机械臂
火星车机械臂可以向外延伸，进行科学测量和采集样本。它的仪器可以详细研究一张邮票大小的区域。

火星氧气就地生产试验仪器
一台使用火星大气中的二氧化碳制造氧气的仪器，这是为未来的宇航员创造资源的一项试验。

©nature

"火星2020"漫游车结构图

由此可见，未来十年的重点将是"火星采样返回"任务，首先收集和储存样品，然后提取样品并返回地球。

现在，火星科学研究界普遍接受的观点是，使用先进的分析技术来深入分析返回的火星样品，以高回报率获得有关火星系统的科学成果。

在"火星2020"计划中，美国国家航空和宇航局利用了"好奇号"平台进行升级改进，打造全新的火星漫游车，以确保将任务的成本和风险降到最低。"火星2020"计划，确定了两大主要任务：一是探测火星表面环境中，潜在的宜居性和曾经可能存在的生命痕迹；二是收集和存储火星的岩石和土壤样本，并对其物理与化学等背景信息进行探测。

执行"火星2020"计划的火星漫游车，将有助于解答宇航员面临的关于火星环境的问题。在人类着陆、探测和离开火星返回地球之前，率先证明完成这一切所需要的技术，为 2030 年载人登陆火星铺平道路。未来的某一天，我们将人类送上火星，当然希望他们能够安全返回。因此，需要一个能够离开火星的火箭，这是将宇航员送到火星并返回的最大一笔预算，如果可以在火星上制取氧气，就可以削减这部分开支，从而在竞争中领先。

美国国家航空和宇航局总部"载人探索及任务运行部"副主管威廉表示："如果探测出火星拥有维系生命所需的资源，则将大大减少载人登陆火星任务必须携带的补给物资数量。"与此同时，研制提取火星资源的方法、了解火星上的环境，也将帮助被送往火星的地球先驱者们更好地生存下来。

除美国外，欧洲空间局也在积极投入未来的火星探测计划，准备再次发射火星探测器和火星漫游车，对火星的大气和表面进行勘测，寻找火星曾经存在生命的痕迹，并为欧洲空间局后续展开的火星探测奠定基础。

美国国家航空和宇航局约翰逊太空中心负责火星探测器的研究员布雷特·德雷克说："我们目前仍将人类登陆勘测火星作为未来的一项探索目标。人类真实地着陆在另一颗行星上，将是一项非常富有冒险性的挑战，也是人类探索宇宙的一个伟大里程碑！"

总之，在未来的 10 ～ 20 年，火星这颗红色星球将会成为人类最炙手可热的探测对象。随着火星探测的不断深入发展，我们人类移居火星的终极目标，也会一步一步变成现实。

机器人先行必不可少

虽然人类目前仍没有在火星留下脚印，但"机器人"已经帮我们实现了这一目标。这里所说的"机器人"，主要包括火星着陆器和火星漫游车。

可是，我们为什么要把"机器人"送上火星而不是直接把人送上去呢？因为，从现阶段地球科技的主客观条件来说，我们还不具备将人送上火星的能力。

首先，也是最重要的原因，是人类探索火星的历史不容乐观，收集的资料不够

全面。机器人探测器的发射，虽然次数不少，但成功率并不高，人类不敢也不能直接冒险将自身送上火星。

其次是成本，去火星的各种花费实在太昂贵了。而"机器人"，也就是火星着陆器和火星漫游车，我们不需要考虑其复杂的生命保障系统，不用担心其返回的问题，也不需要在火星表面软着陆，这显然会节省很大的成本。

再次，是来自工程学上的挑战。

我们要实现载人登陆、载人探测，一个可能的情形是从火星大气中生产回程的燃料。而迄今为止，人类还未进行过任何相关的尝试，甚至还需要通过多次试验性探测飞行来验证这种想法。另外一个重要的考虑是，在如此漫长的任务中，宇航员可能会受到太空辐射。在地球上，地磁场阻挡了大部分辐射，而火星没有地磁场，这些太空辐射对人体的伤害是无法估量的。

综合以上种种原因，人类想实现"载人登陆火星"这个目标，其实还是很复杂的，需要一段相当漫长的时间。但是，我们可以用"机器人"来代替人类去工作、去勘测、去深入了解火星。因此，火星探测车机器人应运而生。

火星探测车是一种人造的、为了探索火星并能在其表面行驶和进行考察的车

图片来源：［美］欧阳凯（Kyle Obermann）

辆，也可称为火星漫游车，是一种最先进的火星探测机器人。截至目前，登陆过火星的探测车主要包括美国国家航空和宇航局先后发射的"索杰纳""勇气号""机遇号""好奇号"。

这些火星车装备先进，而且越来越智能。它们就像人类一样，只要发现哪些岩石看上去有意义，就会开动轮子过去，伸出带有科学装备的机械臂，解读岩石和物质中所记录的有关古代火星的故事。

通常在一天当中，火星探测车机器人会向地球发送照片、仪器数据和状态数据。科学家根据当天及前一天的数据来做出相应的决策，再将新的指令发送给探测车机器人。接下来的 20 个小时内，探测车自行工作，包括执行指令并将数据传给上空的两颗卫星。探测车的指令可能是命令它前往一块新的岩石、磨削岩石、分析岩石、拍摄照片或者搜集数据。在为期大约 90 天的时间内，探测车和科学家们都将重复这样的工作模式。之后，探测车机器人的能量开始衰竭；同时，随着该阶段火星和地球的距离越来越远，也会给通信带来更大的困难。最后，当探测车没有足够能量或者距离太远导致无法通信的时候，探测任务便宣告结束。

人类未来要实现移居火星的目标，必然要在火星建造基地，并分批登上火星，将火星变成第二家园。但这些先期工作，都需要机器人经过无数次探测来完成。因此，火星机器人是人类登陆火星的一项关键技术和支撑。

很多科学家认为，火星机器人将来还会发挥更大的作用。在未来的火星研究中，人们需要研制出智能化程度更高、力气更大、跑得更快的火星机器人团队，让机器人帮助人类完成更深入的火星探测任务，为人类最终移居火星奠定坚实的基础，做好充分的准备。

重要的运载工具——火箭

火箭是实现航天飞行的运载工具，主要靠发动机喷射工作介质产生的反作用力向前推进的一种飞行器。它自身携带全部推进剂，不依赖外界的工质（工作介质）

产生推力，可以在稠密的大气层内飞行，也可以在稠密的大气层外飞行。

现代火箭可用作快速远距离运送工具，如作为探空、发射人造卫星、载人飞船、空间站的运载工具，以及其他飞行器的助推器等。火箭是使物体达到第一宇宙速度、克服或摆脱地球引力、进入宇宙空间的运载工具。

火箭是以热气流高速向后喷出，利用产生的反作用力向前运动的喷气推进装置。它自身携带燃烧剂与氧化剂，不依赖空气中的氧助燃，既可在大气中飞行，又可在外层空间飞行。火箭在飞行过程中随着火箭推进剂的消耗，质量会不断减小。火箭飞行所能达到的最大速度，也就是燃料燃尽时获得的最终速度，主要取决两个条件：一是喷气速度，二是质量比。喷气速度越大，最终速度就越大。

火箭实质上是一种无人驾驶的飞行器，也叫空间运载工具。而人们使用各式各样的火箭的基本目的只有一个：携带物体飞越空间。

军用火箭：把爆炸装置送向目标。

探空火箭：把科学仪器送上高空大气层。

运载火箭：把航天器（人造地球卫星、载人飞船、航天站、空间探测器等有效载荷）送入预定轨道。

小型助推火箭：控制航天器的姿态或修正航天器的飞行轨道。

宇宙火箭：可以脱离地球引力范围，发射到其他星球或星系空间。

人类要实现移居火星的目标，运载火箭是必不可少的工具。

运载火箭是指运载人造卫星或其他人造星体的火箭。这种火箭具有很高的速度，有的运送人造星体以后，火箭本身也能在星际间按照一定的轨道运行。

运载火箭主要用来运送各种类型的航天器，如人造地球卫星、载人飞船、航天站和空间探测器等，并使它们准确进入轨道。随着航天器类型与数量的增多、航天发射范围的扩大，发射航天器的运载火箭开始独立发展并自成系列。我国的"长征三号"系列、"长征四号"系列运载火箭，就是专为发射不同轨道的航天器而研制的专用运载火箭。

由于运载火箭可以在大气层外飞行，自然而然就成了人类进行航天活动必不可少的工具。运载火箭技术也成为一个国家航天技术的重要基础。当前，世界上航天技术先进的国家都在为研制高可靠性、低成本、大推力、无污染、多用途以及可以重复使用的运载火箭而不懈努力。

通常来说，运载火箭都是由多级火箭组合而成的。它将人造地球卫星、载人飞船、空间站、空间探测器等送入预定轨道后，自身就会被抛弃。

而且，运载火箭必须在专门的航天发射中心发射，从地面起飞到进入最终轨道要经过以下三个飞行阶段：

（1）大气层内飞行阶段。

（2）等角速度程序飞行阶段。

（3）过渡轨道飞行阶段。

现在，世界各国都在争先开发高科技运载火箭技术，试图制造出更先进、更新型、更完美的运载火箭。在此方面，美国为了保持自身的太空优势，计划打造未来的"核子火箭"以巩固其世界空间技术的地位。美国国家航空和宇航局的核工程师马克·豪斯介绍："前往火星之旅需要'核子火箭'，尤其是'载人'的火星探索任务。这个项目的启动，已经吸引了多项深空载人计划。"

核子火箭具有强大的运载能力，比传统的化学能火箭更能胜任火星载人探索，是一个更优越、更先进、更具成本效益的选择。目前，美国国家航空和宇航局已经着手研究这种新型火箭了。科学家认为，核子火箭拥有较高的安全系数，可避免出现危险状态下的核反应，避免空间核事故的发生。

总之，为了能够在未来实现载人登陆火星的任务目标，将人类大规模送入太空、着陆火星，只依赖传统的运载火箭和飞船是远远不够的。因此，科学家们提出大胆的设想，要将火星未来的建筑与运载火箭一体化，使它们成为移动式建筑，就像宫崎骏的动画电影《哈尔的移动城堡》一样，能够自由移动。如此一来，通过运载火箭所携带的建筑底部的推进器，就可以将建筑物和大量的人类一起送上火星，从而直接减少人力、物力的消耗。如果科学家们的这个设想能够实现，那么人类移居火星的进程就会大大缩短，从而迈出跨越时空的一大步。

星际运输的构想蓝图

人类想实现载人登陆火星的终极目标，除了前面讲述的几个重要条件之外，还需要达到可以进行星际运输的能力。所谓"星际运输"，是指将地球上的各种物资用品、燃料、材料、建筑物等，顺利平稳地运送、输送到火星上。

毫无疑问，这是一项极其艰难的任务。

迄今为止，我们提到的"星际运输"还只是个猜想，当今世界各航天大国都没有实现星际运输的能力。其中，最著名的"星际运输"构想，便是美国太空探索技术公司（SpaceX）的创始人、CEO 埃隆·马斯克提出的"殖民火星"计划。

在埃隆·马斯克的构想蓝图中，人类"移居火星""殖民火星"的运输方式，正是"星际运输系统"（ITS）。

"星际运输系统"由火箭与宇宙飞船组合而成，火箭与飞船都要保证能够重复使用，目前该组合体还在研发过程中。不过，这一系统可能很快有机会变成现实。

"星际运输系统"将由 SpaceX 正在研发的 Raptor 引擎驱动，火箭推力非常强劲，整个运输系统所配备的引擎，足够将 300 吨的物资送到近地轨道。这一系统的运输能力比美国国家航空和宇航局著名的"土星 5 号（Saturn V）"运载火箭要强得多，"土星 5 号"作为当前运载火箭纪录的保持者，也只能托起 150 吨物资。同时，为了能够飞往火星，"星际运输系统"需要在轨道上进行燃料的补充。在到达火星之后，飞船也要保证能够在火星上加工燃料，从而使飞船有足够的燃料返回。

按照埃隆·马斯克的计划，SpaceX 希望拥有 1 000 套这样的"星际运输系统"，致力于运送人类前往火星。如果依靠现有的航空航天技术将地球人类直接送往火星，单个人的花费就超过 100 亿美元。很显然，这对于大规模火星移民而言，是非常不现实的。

为此，埃隆·马斯克通过火箭和飞船的重复使用等方式，将人均前往火星的成本降低到 20 万美元，他还提出了降低成本的四个方面：第一，"星际运输系统"要得到充分的利用，任何浪费都将导致前往火星的运输成本大幅增加。第二，飞船能够在轨道上加注燃料，这样就能最大限度地利用火箭的推力，运输更多的人员和物资，又能通过在轨加注燃料使飞船顺利飞往火星。第三，要能在火星上生产燃料，飞船在飞抵火星之后，通过在火星就地生产甲烷等推进燃料，使飞船飞回地球再次利用。第四，燃料容易生产，飞船、火箭可重复多次利用。

埃隆·马斯克在他发表的文章中提到，SpaceX 计划在 2020 年开始发射飞船前往火星，携带机器人，验证相关技术的可行性。2020 年的计划最初准备在 2018 年进行，但由于 SpaceX 前往国际空间站和发射猎鹰重型火箭的任务推迟，向火星发射飞船的计划也被推迟到 2020 年。在相关技术得到验证、证明可行之后，SpaceX 将开始进行"殖民火星"计划，埃隆·马斯克预计在未来 10 年间开始。

埃隆·马斯克还明确表示，"星际运输系统"若能够得到充分利用，则一次可至少运送 100 人前往火星。而他所期望的"星际运输系统"，是 1 000 套或者更多数量，每艘飞船进行 12 到 15 次飞行，这样通过重复使用，在未来 50 到 100 年的时间里，能将 100 万人送往火星。当"星际运输"真正实现的时候，距离人类移居火星的目标也就不远了。

埃隆·马斯克在他的文章中对"殖民火星"计划的各个方面都进行了解读，但就目前人类探测火星的技术和设备而言，"殖民火星"计划无非纸上谈兵罢了。

埃隆·马斯克描绘了一个"星际运输""殖民火星"的蓝图，可要真正开始实施这个计划、实现"星际运输"的目标，还有很长很长的路要走。但毫无疑问，这是迄今为止最雄心勃勃的火星殖民计划，为将来人类展开"星际运输""登陆火星"提供了崭新的探索方向。

当我们人类的航空航天技术日益成熟、火星探索设备逐渐完善的时候，"星际运输"的蓝图就不再是停留在纸上的构想，而会变成现实。

CHAPTER 6

第六章

人类未来的火星家园

改善火星表面的生存条件

现在，我们人类已经有了具体且丰富的探测资料，表明在整个太阳系中，火星与地球存在着很多共同的特征，是人类离开地球后移居的最佳目标。

火星和地球都有大致相同的表面积，都有极冠，都有类似的倾斜旋转轴，使得火星和地球都有很强的季节性变化。此外，更有确凿的证据显示，在过去，这两个行星都曾经历过气候的变化。

如今，随着航天科技和空间科学的发展，人类飞越、考察、探测和定居火星的梦想正在一步一步变成现实。不过，火星与地球在很多重要的方面又是完全不同的。

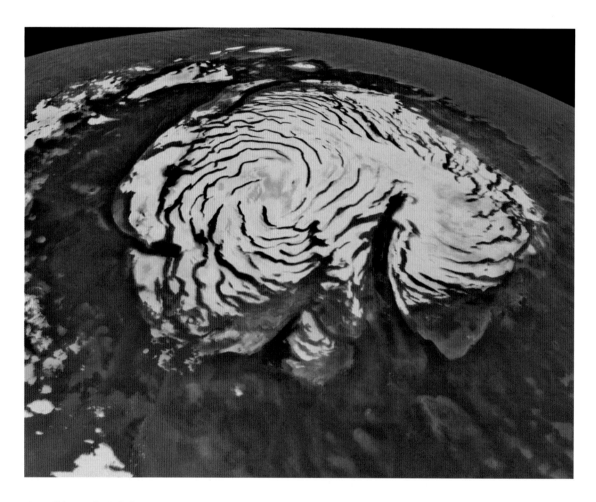

火星北极冠（图片来源：www.universetoday.com）

接下来，我们就来说一说火星表面对人类生命的影响条件。只有将这些重要的条件——改善到适宜人类生存，我们地球人才能在火星上长久居住。否则，一切美好的移居火星梦想都只能化为泡影了。

更具体的，要从三个方面进行系统改善。

第一，火星表面重力系统。

我们知道，相比较之下，火星的表面积和质量比地球要小得多。所以，火星表面的重力也比地球上的重力小得多——准确地说，比地球上的重力小62%，只有地球标准的38%。换句话说，一个在地球上重100千克的人，在火星上，他的体重就只有38千克。

两个星球地表重力之间的差异，来源于很多因素的影响：星球的质量、密度、半径大小（这是最重要的因素）等。虽然火星的表面积相当于地球的陆地面积，但是它的直径只有地球的一半，它的密度也远小于地球的密度（火星体积只有地球体积的15%，火星质量只有地球质量的11%）。这些火星本身的客观条件决定了火星表面重力系统与地球重力系统的巨大不同。

图片来源：［美］欧阳凯（kyle Obermann）

如果我们想将宇航员、探险家送上火星，或将来某一天在火星上定居，那么了解火星表面的重力系统对人类生命的影响，了解长期暴露于只有地球重力三分之一的火星环境下会造成什么样的后果，就是非常关键的一步。

美国国家航空和宇航局的专家们一再表示，开展载人火星飞行任务之前，必须准备好一个有效的对策方案，用以保证宇航员的健康，让他们不仅仅安全到达火星，还要让他们适应火星表面的重力条件。国际空间站的一项最新模拟研究表明，宇航员在火星执行 4～6 个月的任务后，会因火星表面重力的影响，造成肌肉活动能力三分之一左右的损失。

由此可见，我们人类怎样适应火星表面重力、怎样在火星重力系统的影响下生存，是移居火星的首要条件。根据火星探测机器人、着陆器、轨道器和载人飞行器所传回的一系列科学信息，我们能够更详细、更充分地了解火星重力系统，从而有针对性地展开条件改善和适应性调整，为人类去火星生活奠定首要的安全性基础。对此，美国国家航空和宇航局已经提出了载人火星探测任务，并计划于 2030 年发射启动。昷我们期待科学家们研究出更多更优秀的成果。

第二，火星表面地质系统。

火星和地球一样拥有多种多样的地形，既有高山、平原，也有峡谷、沟壑。不过，火星基本上是沙漠行星，地表覆盖着茫茫沙丘和砾石，呈现出红沙遍布的荒凉之感。由于火星的重力、体积都比地球的小，整个星球的地形、尺寸与地球的地形、尺寸相比，也存在着一些不同的地方。

在火星上，南北半球的地形有着非常鲜明的对比：北方是被熔岩填充的低矮平原，南方则是充满陨石坑的古老高地，两者以明显的斜坡为分隔线。另外，火山地形穿插其中，众多峡谷分布各地，南北极则有以干冰和水冰组成的极冠，风吹沙丘的地貌更是遍布在整个星球。

火星的南北两极，永久地被固态二氧化碳（干冰）所覆盖，就像一个巨大的冰罩。这个冰罩的结构是层叠式的，由冰层与变化的二氧化碳层轮流叠加。在北部的夏天，二氧化碳完全升华，留下剩余的冰水层。由于南部的二氧化碳从没有完全消失过，也就无法知道在南部的冰层下是否存在着冰水层。这种两极覆盖层的变化，使火星的气压也在不断改变，不能像地球一样保持在稳定范围之内。

科学家们推测分析，火星大约在 46 亿年前形成，地下岩浆及构造活动在其演化的早期阶段就开始了，最强烈的活动期可能发生于最近的 20 亿年。目前阶段，火星在地质上可能是宁静的。但是，由火星表面地质系统引发的不稳定气压，对我们人类生活的很多方面都有不利影响。我们习惯了地球上的环境，也适应了地球上的条件，一旦产生不同变化，人体的细胞和器官就会做出相应的反应，带来超乎想象的不适。所以，改善火星表面的地质条件，也是人类移居火星的前提之一。

第三，火星表面环境系统。

目前，火星的大气与数十亿年前地球的大气有着惊人的相似之处。

地球最初形成时，并不存在氧气，看起来也是荒凉的不毛之地。大气层完全由二氧化碳和氮构成，直到地球上进化出了光合细菌，才产生了足够的氧气，从而进化出动物。同样，现在火星上薄薄的大气层几乎完全由二氧化碳构成。

现阶段火星大气层的构成：95.3% 的二氧化碳、2.7% 的氮、1.6% 的氩、0.2% 的氧。相比之下，地球的大气层由 78.1% 的氮、20.9% 的氧、0.9% 的氩、0.03% 的二氧化碳和 0.07% 的其他气体构成。从这个详细对比中可以看出，人类想要移居火星，必须携带大量的氧气和氮气，才能维持生命。

而且，地球有着强大的保护磁场，火星则是个"光杆司令"。由于没有磁场的保护，火星完全暴露于太阳风的灼烧之下。太阳风是太阳喷射的持续带电粒子流，它缓慢地侵蚀火星大气层，直至将火星大气层削弱成仅包裹着气体残留物为止。随后恶劣的气候很快到来，从而使表面逐渐转变成现今的荒芜模样。

火星的平均表面温度低达 −62.77 摄氏度，最高温度为 −23.88 摄氏度，最低温度为 −73.33 摄氏度。相比之下，地球的平均表面温度为 14.4 摄氏度左右。可见，火星表面的温度对人类来说，也是一个极大的挑战。

与地球相比，火星的一年更为漫长，大概有 687 个地球日。

火星自转轴与地球自转轴倾斜的程度几乎相同，但由于火星上每个季节的时间比地球上每个季节的时间长大约一倍，再加上火星比地球距离太阳远，所以火星上的每个季节都比地球上相应的季节要寒冷。另外，火星绕太阳公转的椭圆轨道也比地球的椭圆轨道扁一些，导致火星南北半球的四季差异比地球南北半球的四季差异更为显著。

由此可见，火星表面环境系统对火星的气候影响是非常大的。就火星现阶段的气候和温度来说，我们人类一旦踏上火星，恐怕就会陷入缺氧而亡、冰冻而亡的状态。因此，改善气候条件和环境条件，也是人类移居火星前迫在眉睫的事。

总之，火星表面系统所造就的

各种条件，与地球表面的人类生存条件相比，既有相似之处，又存在着明显的差异。我们人类想要登陆火星并在火星上生活，建立火星基地、火星社区，创造长久居住的火星家园，就必须先改善火星表面的各种客观条件，战胜或解决它给人类带来的威胁和挑战，才能实现移居火星的真正目标。

下页上部为火星沙尘暴前后对比图，左侧为2018年5月28日的火星，那时沙尘暴还是一个相对小范围的气候现象，但是到了6月20日，沙尘暴已逐渐扩散至全球范围，图中显示了火星表面特征的显著变化，灰尘已覆盖了整个火星表面。7月1日，沙尘暴开始逐渐消散。

5月28日   7月1日

火星沙尘暴前后对比图

创造适宜的舱外活动系统

火星作为距离地球最近的类地行星，一直是人类探索研究的焦点。

而人类不断进行火星探索的终极目标，就是大规模移居火星，将火星变成像地球一样适宜人类生存的第二家园。尽管这个过程是漫长而艰难的，但随着现代航空航天技术和科学研究技术的成熟与发展，将来总有一天人类移居火星的目标会真正实现。

除了火星表面的各种客观存在，人类自身对火星这个全新星球的适应程度，也是首要和必需的条件之一。因为人类登陆火星之后，会在火星表面展开各种日常或研究活动，不可能被长期禁锢在航天器的密闭舱内。一旦离开航天器的密闭舱，人类就会受到来自太空和火星自身的各种辐射伤害。因此，载人航天器的舱外活动系统，对于人类登陆火星后的安全保障，就显得尤为重要了。

为完成特定的舱外飞行试验或服务任务，航天员在舱外空间环境下独自进行或在遥控自动操作装置与表面运输工具等协助下进行的运作，统称为舱外活动。舱外服务任务包括：载人航天器的在轨装配与维修，空间有效载荷的布放、收回与照料，航天员的营救，以及在火星表面的探测与建站。这些工作大多需要通过"以航天员为中心"的舱外活动才能有效完成。因此，舱外活动也是载人航天工程的重大关键技术之一。

载人航天器的舱外活动系统（EVA 系统）是人类用于开发外层空间、保证宇航员在外层空间环境下能够生存和正常工作的重要装备。舱外活动系统是机械、电子、医学、纺织等多学科的综合产物。

宇宙空间环境恶劣，舱外活动系统可以保证宇航员在空间环境下生存和正常工作。随着世界各国相继发射航天器，太空中报废的人造天体不断增加，清理太空垃圾也摆上了议事日程。于是，将各类卫星送入轨道布放，回收、维修过期、失效的卫星，空间救护以及建造空间站等，都需要宇航员"走"出去，到舱外作业。因此，发展舱外活动系统对未来开发宇宙空间至关重要，同时更关系着未来人类移居火星的安全问题。

舱外活动系统是一个跨越空间的集成系统，按基本功能与组合状态可分为三部分：舱外活动航天员装备系统，舱外活动空间支持系统，舱外活动地面试验、训练与保障系统（简称地面保障系统）。

舱外活动航天员装备系统，为舱外活动航天员提供随身穿戴与装配的必需品，如舱外航天服、安全系绳、机动装置、必要的工具等，以确保航天员具备在舱外真空环境中生存、运动（肢体活动与空间移动）及自我营救的能力。这个系统的首要任务，是为航天员生理活动与安全返舱提供技术上所能达到的最可靠、最完善的保障。

舱外活动空间支持系统，为舱外活动航天员运作提供必需的条件，包括舱内外所有支持舱外活动的设备装置（进出乘员舱的气闸、服务与维修工具、协助乘员移动与工作的约束装置、提供远场作业平台的机械臂等）以及用于星体表面舱外活动运作的运输工具。此外，还包括航天员在轨训练的设施。

舱外活动地面试验、训练与保障系统，为航天员装备系统与空间支持系统的产品（航天服、气闸、机械臂、运输车等）提供地面试验与测试设施，为航天员使用这些产品与舱外活动运作提供模拟训练设施与场地，为舱外活动运作提供监控设施与技术支持。地面保障系统包括重力减小设施，星体表面舱外活动模拟场地，舱外活动任务保障设施及专家系统。

按功能划分，地面试验、训练与保障系统可分为两类：

（1）用于研制与试验舱外活动系统，以及培训以后使用舱外活动系统的人员，是一种预先试验与培训系统。

（2）用于保障舱外活动系统在现场环境中展开的运作，为一种舱外活动实时保障系统。

舱外活动的运作是一项复杂的集成系统工程，涉及出舱准备、舱外作业、进舱操作等全过程多方面技术，不仅包括与舱外活动直接有关的气闸系统、航天服系统、舱外机动装置、支持与辅助航天员舱外作业的遥控自动操作装置、星体表面运输工具等，还包括航天员装备与支持系统的地面试验设施、航天员训练设施、飞行任务监控设施等。

按照飞行任务的需求，舱外活动分为三种基本类型：预计的舱外活动、非预计的舱外活动和应急的舱外活动。

预计的舱外活动，是完成特定目标的飞行计划的一部分。

非预计的舱外活动，不属于计划内预定的飞行计划，是在飞行任务期间，为成功进行有效载荷运作，或为了推进总任务完成而附加的舱外活动。

应急的舱外活动，也是非预计的舱外活动中的一种，是确保舱外活动航天员安全返回乘员舱所需的舱外活动。

按照舱外活动运作的重力环境，舱外活动可分为两大类：在微重力环境下的舱外活动；离轨后，在火星表面重力环境下的舱外活动。

火星表面的舱外活动，要求航天员适应火星表面的各种环境条件，从而减轻航天员装备质量、改进航天服组件、提供表面运输工具以及适合的模拟星体表面的训练场地。

在未来的太空使命中，舱外活动将凸显出更重要的作用。

人类登陆火星之后，舱外活动将会成为主要活动形式，也是人类活动的常态。因此，为适应火星表面的重力环境、地形条件、气候特征等，创造出适宜人类在火星表面活动的舱外活动系统，对实现未来的载人航天任务，将会起到极其重要的作用。如今，火星探测任务中的舱外活动系统技术，正在以全球范围的国际合作展开快速发展，也将越来越受到国际航天界的关注与重视。

美国女航天员佩吉·惠特森身负航天员装备在太空中工作

两位国际空间站航天员身着舱外航天服正在检修设备

建设大范围火星社区

在我们人类做好登陆火星的充分准备之后，就可以开始在火星上定居生活了。

然而，这仍然是一件相当不容易的事。

在人类大规模移居火星前，我们需要先将一小部分人送往火星。当然，这些人主要包括宇航员、科学家、冒险者和先锋队成员等。他们要在火星上一步一步建立起火星社区，然后再大范围扩充、维护、改进、完善，直到火星社区遍布整个星球，人类才能真正实现永久移居火星的大目标。

那么，火星社区是什么呢？该怎样理解呢？

简而言之，火星社区就是人类在火星上生活的地方，也可以称为火星基地。它是指人类在火星上建立的生活与工作区域，是人类从事科研、生产、生活及其他太空活动的中心。

（2）开发火星的各种矿物资源。

（3）为人类向更远的目标探索提供一个落脚点。

（4）为将来人类大规模移居火星打下基础。

但是，我们前面已经全面分析过，建造火星社区的条件非常艰难，代价也十分高昂，花费的成本更是无可估量。因此，到目前为止，火星社区只是一个概念性的构思，代表着人类对未来的美好设想。

现在，我们的家园——地球，正在遭遇各种灾难的侵袭。

由于地球的气温逐渐变暖，洪水、泥石流、火山爆发、海啸、龙卷风、大地震等各种自然灾害接踵而来。与浩瀚的宇宙相比，生命如此脆弱，人类不过是沧海一粟。如果我们没有保护好自然、保护好地球，则很可能在未来的某一天，人类不得不离开地球，在宇宙中寻找新的家园。

20 世纪 60 年代，人类对火星的探测已经开始。在过去数十年中，火星探测取得了巨大的突破和成就。科学家们认为，人类有望改造火星的气候和环境，让这颗红色星球最终成为人类的第二家园。而火星社区的构想也随之诞生，并为人类未来移居火星奠定基础。

　　人类在地球上生活，地球大气环境是人类生存的基本环境，但火星的大气环境完全不适合人类生存。所以，想要建造火星社区，必须具备火星社区环控生保系统。

　　火星社区环控生保系统的作用，是给火星社区的居民提供一种基本相似于地球上的生活环境和条件。环控生保系统根据系统中物质的循环方式和物质能否再生利用，划分为非再生式、物理—化学再生式和生物再生式三种。在这三种方式中，想要建立永久的火星基地、火星社区，为大批量人员提供生命活动的必需物质，只能依靠生物再生式环控生保系统。

瑞典科学家设计的未来火星自我维持研究基地

艺术家描绘的未来火星基地

生物再生式环控生保系统实际上就是一个小型的生物圈，这个生物圈以社区居民为中心，将人体所排泄的废水、废物、废气和生活垃圾回收、再生，然后变成人体所需的生活必需品。这是一个复杂的巨系统，由很多系统和子系统组成，其中最主要的系统是火星农场、火星牧场和火星食品加工厂等。"民以食为天"，如果不能保证社区居民的粮食供应，那么其他一切就无从谈起。

人类移居火星，建造火星社区，在火星上生活，首先要解决食物问题。火星社区的居民必须自己生产粮食，必须自己养活自己，不能只靠地球的物资供应。这不是因为地球养活不起移居火星的人们，而是因为地球支付不起巨额的太空运输费用。

最初建立火星社区，可能仅仅是一个临时基地，人数从十几人逐步增加到几十人，他们将在火星上进行开采、冶炼等实验活动，为建造永久基地做准备。然后人数慢慢增加，逐步形成从开采、冶炼到运输的整套生产系统。接下来，利用生物再生式环控生保系统，建造火星农场、火星牧场，开始种植物、养动物，物资自给自足，再建造各种其他的生产、生活、娱乐设施，最后建成能够让人类永久居住、自由自在的火星社区。

尽管现阶段火星社区的建造还需要长久的试验和漫长的等待。但随着人类科技的不断进步、成熟与完善，人类移居火星的目标终有一天会实现，大范围、红红火火、热热闹闹的火星社区，也一定会出现在那颗遥远的红色星球上。

展望美好的火星家园

现在，关于火星的科幻电影、科幻小说层出不穷，越来越多。而这些也从一个侧面反映出，人类对火星探索的不懈追求与向往。

科幻是基于科学现实的未来展望。随着现代科技日新月异的发展，科幻与现实的界限越来越模糊，昨天曾经畅想的太空科幻已在今日成为航天科技的现实，变得不再遥远。火星是太阳系中各种条件与地球最相似的行星，也是太阳系中在改造后唯一有可能实现人类大规模移居的天体。如今，载人航天技术已经达到了突破地球

引力束缚、为实现载人登陆火星而努力的关键阶段。

不过，我们人类面临的命运依然十分脆弱，不但无法承受重大自然灾害，更难以承受宇宙深空带来的危机。所以，在可预见的将来，人类显然还不具备飞出太阳系的能力。在太阳系范围内，只有火星环境最适宜人类生存，故而成了人类移居外星球的首选目标，也是唯一目标。

当人类一步一步成功登陆火星，通过改造火星上的各种环境条件，建造出大范围的火星社区时，属于我们人类的火星家园就宣告诞生了。

那时候，在火星这颗红色星球上，也会如今日的地球一样，高楼林立，鲜花盛开，绿树成荫，飞鸟争鸣，人来人往，处处充满欢声笑语。但在火星第二家园上，我们人类必须汲取破坏地球、污染环境所得到的深刻教训，不能在火星家园犯下同样的错误。当火星成为我们人类在太阳系中生存的新家园时，我们要更加珍惜、更加爱护，绝不能为了满足人类的贪婪和野心而将无数代先人的努力付之一炬，让好不容易被"地球化"的火星家园变得满目疮痍，再承受地球经历过的种种痛苦。

也许，未来的火星家园是我们人类最后的净土，也是人类最后得以生存延续的地方。由此可见，它必将变得弥足珍贵，更需要我们一代代人类的精心守护。无论是建立火星家园之前付出的漫长等待和艰辛血汗，还是火星未来更多难以预测的不稳定因素，都需要人类坚持长期不懈的努力、坚守和代代传承。这是一项漫长、艰巨、持久且跨越时空宇宙的人类伟大工程，是人类移居火星最美好、最圆满的终极目标。

尽管未来的火星家园距离现在的我们看似还很遥远，但在地球航天航空科技不断发展的推进下，这个目标一定会实现。而且，正如我们人类所畅想、所展望的那样，未来的火星家园会是一个无污染、无破坏、无灾难、无伤害的天堂乐园，每个生活在那里的人都能开开心心、快快乐乐、尽职尽责地珍爱和保护这个独一无二的火星家园，创造出地球人移居火星后的新文明、新奇迹，开拓出人类历史上跨越星河的新篇章。

本书配有大量精美图片，主要选自美国国家航空航天局（NASA），喷气推进实验室（JPL）、欧洲空间局（ESA）等网站。作为科普读物，为了展示更多的天文景象，部分来自网络的图片没有注明出处，在此对这些网站表示衷心的感谢。